화학
교과서는
살아있다

화학 교과서는 살아있다

초판 1쇄 펴낸날 2012년 10월 23일 | **초판 21쇄 펴낸날** 2025년 3월 5일

지은이 문상흡·박태현 외 | **기획** 한국화학공학회 | **펴낸이** 한성봉
편집 김정은·장기선 | **디자인** 김숙희 | **삽화** 윤유경 | **마케팅** 박신용 | **경영지원** 국지연
펴낸곳 도서출판 동아시아 | **등록** 1998년 3월 5일 제1998-000243호
주소 서울시 중구 필동로8길 73 [예장동 1-42] 동아시아빌딩
블로그 blog.naver.com/dongasiabook
전자우편 dongasiabook@naver.com
페이스북 www.facebook.com/dongasiabooks
인스타그램 www.instagram.com/dongasiabook
전화 02) 757-9724, 5 | **팩스** 02) 757-9726

ISBN 978-89-6262-058-0   03570

잘못된 책은 구입하신 서점에서 바꿔드립니다.

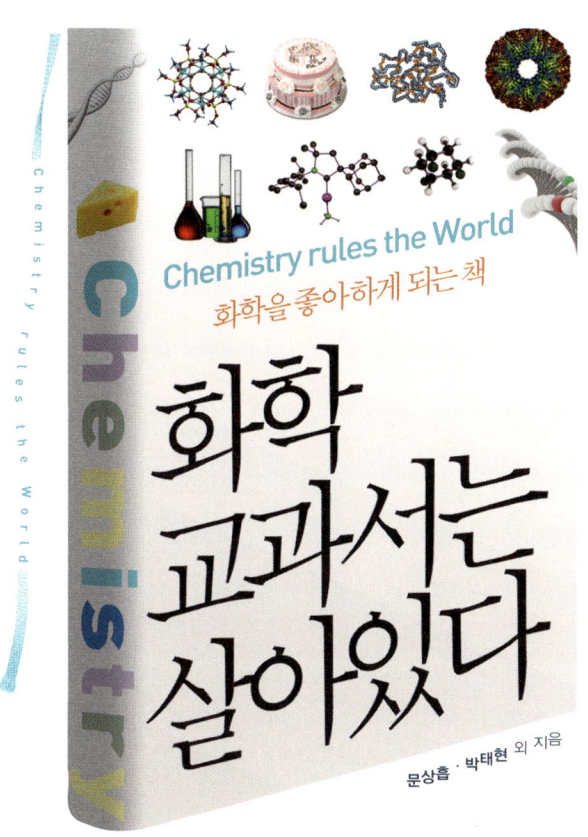

>>> 여는 글

화학을 좋아하게 되는 책

　공부를 잘하는 비결은 무엇일까? 이에 대한 답은 간단하다. 공부를 좋아서 하면 된다. 머리 좋은 사람이 열심히 하는 사람을 이길 수 없고, 열심히 하는 사람은 좋아서 하는 사람을 이길 수 없기 때문이다. 그러면 어떻게 해야 공부를 좋아하게 될까? 이에 대한 답도 역시 간단하다. 공부를 재미나게 하면 된다. 재미가 나서 하다 보면 저절로 좋아하게 되고, 그러면 공부도 잘하게 된다.

　이 책은 화학이 재미난 학문이라는 사실을 알리기 위한 것이다. 자신이 러시아의 마지막 공주라는 주장이나 수백 년 동안 예수의 시신을 감쌌다고 믿어왔던 천 조각이 가짜라는 사실이 밝혀지기까지 그 근거를 찾기 위해 노력했던 과학자들의 이야기, 철의 제련 기술이 없어서 스페인에게 정복당했던 잉카 제국의 비극, 오늘날 흔하게 쓰이는 알루미늄 금속을 애지중지했던 나폴레옹 3세, 총알도 뚫지 못하는 방탄복을 입고 멋진 액션을 보여주는 영화가 현실이 되는 케블라 섬유에 관한 이야기, 갈증을 단번에 해소하는 스포츠 음료의 비밀, 환경오염과 화석연료의 고갈 문제를 말끔히 해결해줄 물로 가는 자동차의 꿈, 노벨상 수상자를 두 명이나 탄생시킨 암모니아 합성법에 관한 뒷이야기, 나노 입자를 이용한 화장품 만들기, 세상을 이루는 물질인 원소의 이름에 얽힌 재미난 이야기, 원자폭탄 같은 무기로 발전하여 인류에게 재앙을 불러옴과 동시에 산을 뚫고 길을 내는 데 사용되어 인간의 노동을 획기적으로 단축시키는 축복을 함께 가져다준 화약의 위력, 인간의 소화작용과 빵이나 포도주를 만드는 데 모두 효소가 작용한다는 사실 등등, 우리가 일상생활에서 부딪히고 만나는 수많은 일들이 결국 화학과 밀접한 관련이 있다는 사실을 이 책의 흥미진진한 이야기들을 통해 확인할 수 있다.

　이 책의 목적은 많은 독자들이 화학을 가깝게 여기도록 하는 것이다. 이를 한국화학공학회가 동아시아 출판사와 함께 전문가들을 설득하여 소중한 원고를 받아 드디어 그 결실을 맺게 되었다. 이 책의 재미난 이야기에 빠져 책을 읽다 보면 자기도 모르는 사이에 화학에 관한 내용을 알게 되고 그만큼 화학을 좋아하게 될 것이다. 또 이 책에 실린 이야기들이 고등학교 화학 교과서의 내용과 어떻게 연관되었는지를 표로 정리하여 목차 뒤에 수록하였기 때문에 학교 공부에도 도움이 될 것이다. 부디 많은 독자들이 이 책을 읽고 화학을 좋아하게 되어 앞으로 훌륭한 업적을 내는 화학 및 화학공학자로 성장하기를 바란다.

저자를 대표하여

문상흡, 박태현

>>> 차례

여는 글 화학을 좋아하게 되는 책 ·4

제1장 아름다운 분자들의 세계

생명의 씨앗, DNA로 멸종 동물 살려내기 박태현 ·13
'아나스타샤'는 진짜 러시아 공주일까? – DNA 지문법 박태현 ·20
Jump In Life DNA 세계에 불가능은 없다 – DNA로 만든 나노 로봇 박태현 ·27
신비한 나노 기술 – 미인 만들기 프로젝트 성종환 ·32
Jump In Life 고분자가 제 이름을 찾기까지 하창식 ·43
나일론 – 세기의 발명품답게 어려웠던 이름 짓기 하창식 ·48

제2장 개성 넘치는 원소

케미 돋는 사랑 – 원자와 분자의 세계 노중석 ·57
세상을 이루는 물질 – 원소 이름과 원소 기호의 유래 오명숙 ·64
세상에서 가장 아름다운 질서, 주기율표 노중석 ·73
산업의 비타민, 희토류 원소 오명숙 ·80
Jump In Life 63빌딩에 갇힌 전자 박승빈 ·88

제3장 닮은꼴 화학 반응

잉카 제국의 비극과 철 제련 기술 문상흡 ·95
반짝반짝 빛나는 금의 가치 탁용석 ·103
자동차가 움직이는 원리와 맥주의 발효 원리가 같다고? 성종환 ·110
Jump In Life 전쟁을 연장시킨 과학자의 발명 문상흡 ·119

제4장 다양한 모습의 물질들

김연아 선수가 얼음 위에서 넘어지지 않는 이유는? 박승빈 ·129
Jump In Life 태양열로 난방이 아니라 냉방을 한다고요? 박승빈 ·136
부드럽고 고소한 지방의 두 얼굴 성종환 ·140
총알도 뚫지 못하는 방탄복 하창식 ·152
삼투압의 원리와 스포츠 음료 박태현 ·159

제5장 물질 변화와 에너지, 화학 평형

Jump In Life 붉은 악마의 추억 – 엔트로피와 자유 에너지 노중석 ·169
아낌없이 주는 석유 이관영 ·176
충전이 필요 없는 스마트폰 탁용석 ·184
물로 가는 자동차 탁용석 ·193
Jump In Life 화학과 전기가 하나가 되는 까닭은? 탁용석 ·199

제6장 화학 반응과 속도

악마와 천사가 함께 준 선물, 화약 문상흡 ·209
예수의 시신을 덮은 수의 문상흡 ·216
마법의 촉매 이관영 ·222
Jump In Life 마징가 제트의 한글 선생님 만세! – 치글러 · 나타 촉매 하창식 ·230
새 옷을 헌 옷처럼 – 빈티지 청바지의 비밀은 효소 박태현 ·238

제7장 널리 인간을 이롭게 하는 화학

새로운 프로메테우스를 기다리며 문상흡 ·249
Jump In Life 바이오 에너지 – 옥수수로 가는 자동차 성종환 ·256
천 달러 지놈 시대와 우리의 미래 박태현 ·268

추천의 글 ·276

>>> 화학 주제별 교과 연계 내용

■ 화학 Ⅰ

주제	고등학교 교과 내용	이 책의 내용
화학의 언어	원소, 화합물, 원자, 분자, 원자량, 분자량, 화학 반응식	- 케미 돋는 사랑 – 원자와 분자의 세계 - 고분자가 제 이름을 찾기까지 - 나일론 – 세기의 발명품답게 어려웠던 이름 짓기
원자의 구조	원자의 구성 입자, 보어 모형, 에너지 준위	- 63빌딩에 갇힌 전자
주기적 성질	주기율표, 전자의 배치, 원자 반지름, 이온화 에너지	- 세상을 이루는 물질 – 원소 이름과 원소 기호의 유래 - 세상에서 가장 아름다운 질서, 주기율표 - 산업의 비타민, 희토류 원소
분자 세계	분자 구조의 다양성, 분자의 구조와 기능, 나노 기술, DNA 이중나선 구조	- 생명의 씨앗, DNA로 멸종 동물 살려내기 - '아나스타샤'는 진짜 러시아 공주일까? – DNA 지문법 - DNA 세계에 불가능은 없다 – DNA로 만든 나노 로봇 - 신비한 나노 기술 – 미인 만들기 프로젝트
산화 환원	광합성과 호흡, 철의 제련, 암모니아 합성, 산화수	- 잉카 제국의 비극과 철 제련 기술 - 반짝반짝 빛나는 금의 가치 - 자동차가 움직이는 원리와 맥주의 발효 원리가 같다고? - 전쟁을 연장시킨 과학자의 발명

■ 화학 II

주제	고등학교 교과 내용	이 책의 내용
물질의 상태	분자간 상호작용, 기체, 이상 기체, 액체와 고체, 상변화	– 김연아 선수가 얼음 위에서 넘어지지 않는 이유는? – 태양열로 난방이 아니라 냉방을 한다고요? – 부드럽고 고소한 지방의 두 얼굴 – 총알도 뚫지 못하는 방탄복
용액	용액의 농도, 증기압, 총괄성	– 심두입의 원리와 스포츠 음료
반응의 자발성	자발성, 엔트로피, 자유 에너지	– 붉은 악마의 추억 – 엔트로피와 자유 에너지
평형의 원리	화학 평형, 용해 평형, 평형 상수	– 아낌없이 주는 석유
평형의 이용	산-염기의 평형, 화학 전지, 연료전지, 물의 전기분해	– 충전이 필요 없는 스마트폰 – 물로 가는 자동차 – 화학과 전기가 하나가 되는 까닭은?
반응 속도	반응 속도식, 반응 차수, 반감기, 에너지 장벽	– 악마와 천사가 함께 준 선물, 화약 – 예수의 시신을 덮은 수의
촉매	촉매의 종류, 효소, 촉매의 이용	– 마법의 촉매 – 마징가 제트의 한글 선생님 만세! – 치글러·나타 촉매 – 새 옷을 헌 옷처럼 – 빈티지 청바지의 비밀은 효소
인류 복지와 화학	의약품 개발, 녹색 화학, 물의 광분해	– 새로운 프로메테우스를 기다리며 – 바이오 에너지 – 옥수수로 가는 자동차 – 천 달러 지놈 시대와 우리의 미래

제1장
아름다운 분자들의 세계

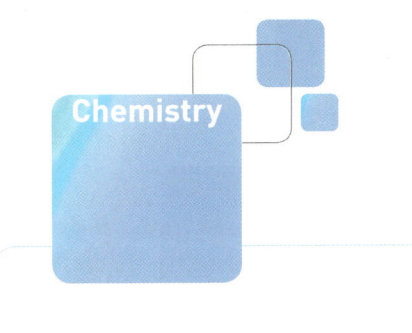

생명의 씨앗, DNA로 멸종 동물 살려내기

박태현

▶ DNA 이중나선 구조, 인간 지놈 프로젝트

영화 〈쥬라기 공원〉에는 공룡이 등장한다. 수백만 년 전에 멸종한 공룡이 살아 움직이는 것이다. 영화에서는 멸종된 생명체인 공룡을 어떻게 살려냈는지에 대해 비교적 자세히 설명한다. 옛날에 공룡이 살고 있었는데, 그 시절에 모기도 함께 살고 있었다. 어느 날 모기가 공룡의 피를 빨아먹는다. 배부른 모기는 포만감에 젖어 나뭇가지에 앉아서 휴식을 취하다가 나무에서 흘러나온 진액에 갇히게 된다. 진액은 오랜 시간이 지나면서 굳어져 호박이라는 보석이 된다.

호박은 한복 마고자 단추로도 종종 이용되는 누런 색깔을 띤 보석류이다. 광산의 광부들이 땅속에서 이 호박 덩어리를 발견했는데 그 속에

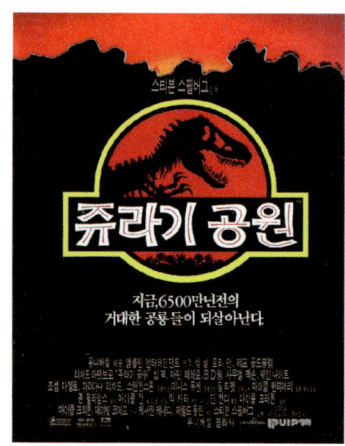

쥬라기 공원 포스터

호박에 갇힌 곤충

모기가 들어 있다. 과학자들은 여기서 공룡의 **DNA**를 추출하는 작업에 착수한다. 즉, 호박 속에 들어 있는, 모기의 몸속에 들어 있는, 공룡의 피 속에 들어 있는 공룡의 DNA를 추출해낸다. 이 과정에서 손상된 DNA의 일부를 보완한 후에 온전한 공룡의 DNA를 얻게 되고, 이 공룡의 DNA를 사용하여 공룡을 탄생시켰다는 것이다.

이와 아주 비슷한 이야기가 권위 있는 과학잡지인 「네이처」에 기사로 실렸다. 2008년 11월 20일자 「네이처」에 게재된 "Let's make a mammoth"라는 제목의 기사가 그것이다. 아프리카 코끼리의 먼 조상이며, 지구상에서 멸종한 또 다른 생명체인 매머드를 살려내자는 내용으로, 이 기사의 첫 문장은 "공룡을 살려내는 아이디어가 이미 〈쥬라기 공원〉에서 제시되었듯이…"로 시작된다. 이제 매머드의 DNA 서열이 밝혀졌으므로 이를 이용하여 〈쥬라기 공원〉의 아이디어와 같이 매머드를 살려내자는 것이다. 〈쥬라기 공원〉에서 공룡을 살려내는 이야기나, 「네이처」 기사에서 매머드를 살려내자는 이야기는 모두 DNA만 있으면 멸종한 생명체도 살려낼 수 있으리라는 기대감을 보여준다. 도대체 DNA가 무엇이기에 이와 같은 기대를 할 수 있을까? DNA에 대한 연구의 발판은 왓슨 James Watson과 크릭 Francis Crick에 의해 그 화학적 구조가 밝혀지면서 마련되었다.

DNA의 비밀은 이중나선 구조

왓슨은 미국 출신의 생물학자이고, 크릭은 영국 출신의 물리학자이다. 미국에서 생물학으로 박사학위를 받은 왓슨은 영국으로 건너와서 크릭을 만나게 된다. 그 둘은 의기투합하여 DNA의 구조를 밝히는 연구에 몰입한다. 드디어 그들은 DNA가 **이중나선 구조**를 가지고 있다는 사실을 밝혀내고, 이 내용을 논문으로 작성하여 「네이처」에 투고하였다. 논문이 완성되자 둘 사이에 미묘한 기류가 흐르게 된다. 이 논문은 누가 봐도 매우 중요한 논문으로서, 발표되면 세계적으로 뜨거운 주목을 받으리라는 것은 명약관화했다. 따라서 두 사람은 논문에 저자 이름을 기록할 때 내심 자기 이름이 상대방의 이름보다 먼저 기록되기를 원했다.

그리하여 그들은 이름의 순서를 놓고 동전던지기를 하였다. 마치 축구경기를 시작할 때, 양쪽 편 주장들이 나와서 골대를 정하는 방법과 같은 방법을 사용하기로 했던 것이다. 동전던지기를 한 결과, 왓슨이 지정한 면이 앞에 나와서 이름의 순서를 '크릭과 왓슨'이 아닌 '왓슨과 크릭'으로 정하게 되었다. 이 이야기를 들은 동료 과학자들은 "너희들 논문이 중요한 논문인 줄 알았더니, 고작 WC 논문을 작성하였구나."라고 농담을 하였다고 한다. 이 농담에서 W는 왓슨의 첫 글자이고, C는 크릭의 첫 글자로, 'WC'는 화장실을 의미하는 단어이다.

과학자들의 연구결과는 그것을 논문으로 발표함으로써 그 공적을 인정받게 된다. DNA의 구조를 처음으로 밝힌 이 논문은 「네이처」에 게재

DNA의 구조를 밝힌 왓슨(왼쪽)과 크릭(오른쪽)

되었고, 그 공로를 인정받아 왓슨과 크릭은 노벨상을 수상하게 된다. 두 사람에게 노벨상을 안겨준 이 논문은 달랑 한쪽짜리 논문이다. 이 논문에 포함된 그림도 DNA 구조를 보여주는 그림 단 한 개뿐이다. 여기서 우리는 우리도 할 수 있을 것이라는 커다란 용기를 얻을 수 있다. 그림 하나만 잘 그리고, A4 용지 한 쪽만 잘 작성하면 노벨상도 받을 수 있다는 희망을 말이다.

이웃 나라인 일본은 과학 기술 분야에서 이미 여러 명의 노벨상 수상자를 내고 있지만 우리나라는 아직 그 분야의 수상자를 한 명도 내지 못했다. 그것은 아직까지 연구할 여건이 충분히 성숙되지 못한 데 원인이 있다. 1945년 일본의 지배로부터 해방이 되고, 곧이어 6·25라는 전쟁을 치르고, 1960~70년대에는 먹고사는 일에 급급하여 연구에 투자할 여력이 없었다. 1990년대에 들어와서야 비로소 연구비다운 연구비가 대학에 지원되기 시작했다. 말 그대로 연구다운 연구를 시작한 것이 채 20년도 안 된 셈이다. 이제 우리나라도 다른 어느 나라에 못지않은 연구 인프라가 갖춰졌다. 이런 인프라에서 교육받고 연구하는 학생들은 머지않아 노벨상을 수상할 주인공이 될 것이다. 이 글을 읽고 있는 고등학생 중에서 노벨상 수상자가 나오기를 바라는 마음 간절하다.

DNA와 인간 지놈 프로젝트

DNA란 무엇인가? 실처럼 가느다란 형태를 지닌 화학 물질의 이름이다. DNA는 살아 있는 것이 아니다. 살아 있는 생명체의 기본 단위는 세포이다. 세포가 있어야 비로소 생명체라고 불린다. 세포 속에는 핵이 있고, 핵 속에는 **염색체**가 있다. 염색체는, 실이 촘촘히 감긴 실패에 비유할 수 있다. 실패에 감겨 있는 실이 바로 DNA이다. DNA는 이 실가닥의 이름이고, 유전자란 이 실가닥에 들어 있는 의미 있는 부분들 각각을 부르는 이름이다. 실가닥 곳곳에 의미 있는 유전자를 포함하고 있는 DNA가 실패에 감겨 있는 형태가 염색체이고, 인간은 세포의 핵 속에 염색체를 23쌍 가지고 있다. 23쌍의 각 쌍 중 하나는 아버지로부터, 또 다른 하나는 어머니로부터 물려받은 것이다.

DNA라는 실가닥은 왓슨과 크릭이 밝혔듯이 이중나선 구조를 이루고 있는데(오른쪽 위 그림), **뉴클레오타이드**들이 손에 손을 잡고 길게 연결되어 있다. 즉, 뉴클레오타이드는 DNA 가닥을 구성하는 기본 단위체로서 염기, 당, 인산기로 구성되어 있다(오른쪽 아래 그림). DNA 정보가 저장된 장소인 염기는 아데닌(A), 구아닌(G), 사이토신(C), 티민(T)의 4개 종류가 있고, 이 네 개가 어떤 순서로 나열되어 있는가 하는 것이 바로 DNA가 가진 정보이다. 컴퓨터는 정보를 저장할 때 이진법을 사용한다. 즉, 0과 1의 배열순서가 컴퓨터가 가지고 있는 정보이다. DNA는 정보를 저장하는 데 사진법을 사용한다. 즉, ATGC가 어떤 순서로 배열되어 있는가 하는 것이 DNA가 가진 정보이다.

사람의 경우, 이렇게 나열되어 있는 ATGC 염기의 개수가 30억 개이다. 30억 개의 순서를 다 읽어낸 것이 바로 **인간 지놈 프로젝트**Human

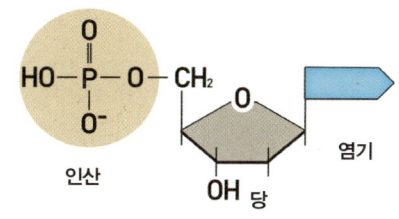

DNA 이중나선 구조

뉴클레오타이드

Genome Project이다. 이 30억 개를 처음 읽어내는 데 10년이 걸렸고 3조 원이라는 어마어마한 비용이 들었다. 30억 개의 정보가 얼마만큼의 양인가를 알아보기 위하여 30억 개의 알파벳을 전화번호부 크기의 책으로 타이핑했다. 그 결과, 쌓아올린 책의 높이가 무려 160m에 달했다. 사람은 160m 높이의 어마어마한 분량의 책들을 세포 속의 핵 속의 염색체에 감겨 있는 DNA라는 실가닥에 넣고 다닌다. 그런데 우리 몸은 세포 하나가 아니라 수십조 개의 세포로 이루어져 있다. 인간은 160m 높이로 쌓아올린 책 기둥이 수십조 개나 되는 분량의 정보를 가지고 다닌다. 그 정보에 의해 인간은 먹고 마시고 활동하며 살아간다.

DNA 나선 구조와 갈등 구조

DNA의 구조를 조금 더 자세히 들여다보면, 모여 있는 이중나선 구조가 일정한 방향으로 꼬여 있다는 것을 알 수 있다. 그 구조를 위나 아래쪽에서 바라볼 때, 멀어지는 방향을 따라가면서 시계방향으로 회전하면 이것을 **오른 방향 나선**이라고 부르고 그 반대 방향으로 꼬여 있으면 **왼 방향 나선**이라고 부른다(다음 페이지 그림). 세포 내에 자연적으로 존재하는 DNA는 오른 방향 나선 구조를 가지고 있는데 이런 DNA를 B-DNA라고 부른다. 반면에 우리는 반대 방향으로 꼬여 있는 DNA도 실험실에서 인위적으로 만들 수가 있는데, 이것은 왼 방향 나선 구조를 가지고 있고, 이런 DNA를 Z-DNA라고 부른다.

자연계에서 나선형으로 꼬인 구조를 가진 것이 DNA만은 아니다. 덩굴식물 중에는 나뭇가지를 감고 올라가는 방향이 어떤 식물은 오른 방향인 것이 있고, 어떤 식물은 왼 방향인 것이 있으며, 어떤 것은 오른 방향으로도 감고, 동시에 왼 방향으로도 감는 것이 있다. 우리가 종종 사용하는 갈등이라는 단어가 있다. 이 단어에서 갈葛은 칡덩굴을 의미하고 등藤은 등덩굴을 의미하는데, 두 식물은 감고 올라가는 방향이 서로 반대이다. 그래서 서로 '갈등'을 일으킨다. 즉, 칡덩굴은 B-DNA와 같은 방향으로 감아 올라가는 반면에, 등덩굴은 Z-DNA와 같은 방향으로 감아 올라간다. 그런데 재미있는 것은 B-DNA는 오른 방향 구조를 가지고 있다고 말하는데, 식물학자들은 칡덩굴을 왼 감기를 한다고 말한다. 마찬가지로 Z-DNA는 왼 방향 구조를 가지고 있다고 말하지만, 등덩굴은 오른 감기를 한다고 말한다. 왜 이런 상반된 명명법이 사용되는 것일까?

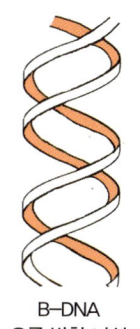
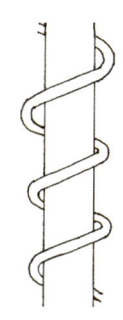

B-DNA
오른 방향 나선
(right-handed helix)

칡덩굴(葛)

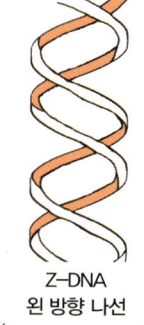
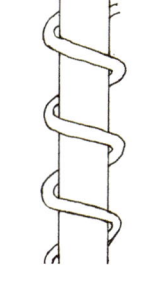

Z-DNA
왼 방향 나선
(left-handed helix)

등덩굴(藤)

DNA 나선 구조와 갈등

　DNA의 구조를 명명할 때는 그것을 바라보는 사람의 입장에서 명명한 것으로 보인다. 반면에 덩굴식물의 구조를 명명할 때는 감아 올라가는 식물의 입장에서 이름을 지은 것으로 생각된다. 왼 감기 덩굴의 경우에는 감아 올라가면서 계속 좌회전을 해야 그 형태가 나오고, 오른 감기 덩굴의 경우에는 지속적으로 우회전을 해야 그런 형태가 나오기 때문에 붙여졌다. 사물을 보는 관점에 따라서 서로 상반된 명명법을 낳게 된 것이다.

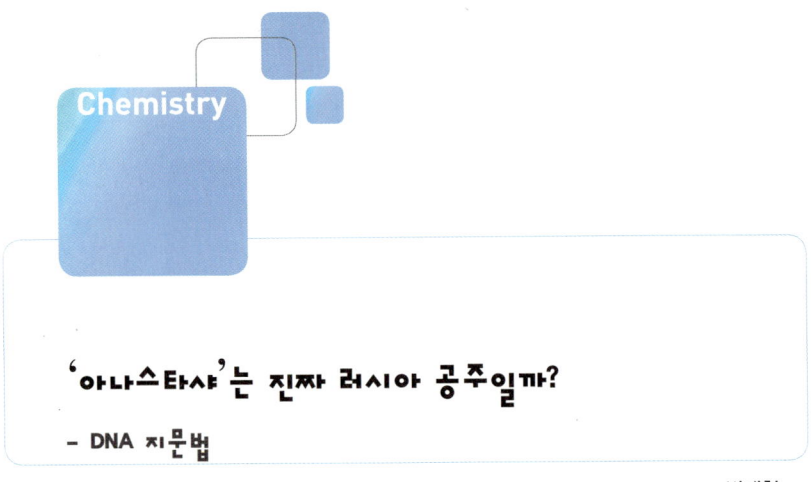

'아나스타샤'는 진짜 러시아 공주일까?
- DNA 지문법

박태현

📖 DNA 지문법, 전기영동과 PCR

　　1923년 베를린, 푸른 강물이 흘러가는 다리 위에 한 여인이 비장한 각오를 한 얼굴로 서 있었다. 흘러가는 강물을 한참 동안 내려다보던 여인은 가슴에 성호를 그은 뒤, 다리의 난간을 넘어 물속으로 몸을 던졌다. 자살을 기도한 여인은 행인에 의해 구출되어 병원으로 옮겨졌다. 병원에서 며칠 만에 깨어난 여인은 과거에 대한 기억이 없었다. 그러나 시간이 지나면서 하나둘씩 자신의 과거를 기억해내기 시작했다. 그녀는 자신이 러시아의 공주라고 주장하며, 궁전에서 생활했던 일에 관해 자세하게 들려주었다. 병원에서는 이 여인에게 '안나 앤더슨'이라는 이름을 지어주었다. 이 여인이 말한 왕조는 러시아의 마지막 왕조인 로마노프 왕조로서, 자신은 마지막 황제의 네 번째 딸인 아나스타샤 공주라는 것이다.

　로마노프 왕조는 1917년 공산당 혁명으로 인하여 막을 내리고 황제 가족은 시베리아 이곳저곳으로 유배를 당하다가, 결국은 일가족 모두가 총살을 당했다. 황제의 가족은 황제, 황후를 비롯하여 공주 넷에 왕자 하나였다. 그들의 시신은 시베리아의 숲 속에 묻혔다. 오랜 시간이 흐른 후 황제 일가의 유해를 발굴했더니, 일곱 구의 황실가족 시신이 있어야 할 자리에서 다섯 구의 시신만이 발견되었다. 네 번째 공주와 왕자의 시신이 보이지 않았다. 이 네 번째 공주가 아나스타샤인데, 강물에 몸을 던진 안나 앤더슨이란 여인이 깨어나 자신이 바로 그 공주라고 말한 것이다. 이 여인은 죽을 때까지 자신을 아나스타샤 공주라고 주장하였으나, 그녀가 진짜 아나스타샤 공주인가에 대한 의문은 끊이지 않았다.

아나스타샤의 비밀을 밝혀줄 DNA 지문법

시간이 흐르고 DNA 지문법이라는 과학적 신원확인 방법이 개발되어, 그 여인이 진짜 아나스타샤인지를 밝히는 작업이 시작되었다. DNA 지문법은 개개인의 신원을 밝히는 데 중요한 역할을 한다. 범행 현장에서 찾아낸 증거물들을 이용하는 과학수사 드라마인 〈CSI〉에서도 DNA 지문법을 이용해 범인을 추적하는 이야기가 종종 등장한다. 범인이 흘리고 간 한 가닥의 머리카락, 희미한 뼛자국, 심지어는 한 방울의 침에서까지 DNA를 채취하여 이를 분석함으로써 그 DNA가 누구의 것인가를 밝혀낸다. 현미경을 통해서도 보이지 않는 DNA를 어떤 방법을 써서 분석하기에 그것이 누구의 것인지를 밝혀낼 수 있는 것일까?

DNA는 실처럼 가늘고 긴 형태의 화학 물질로서 실험실에서도 합성해낼 수 있으며 생명에 관한 정보를 담고 있다. DNA가 가지고 있는 정보는 A, T, G, C라고 불리는 네 가지의 염기가 어떤 순서로 나열되어 있는가에 따라 결정된다. 인간이 가지고 있는 DNA 정보도 이 네 개의 알파벳의 조합으로 나열된 것으로서, 30억 개가 나열되어 있다. 이 순서를 전부 읽어낸 것이 인간 지놈 프로젝트임은 앞에서 살펴보았다. 지구상의 인간들은 매우 유사한

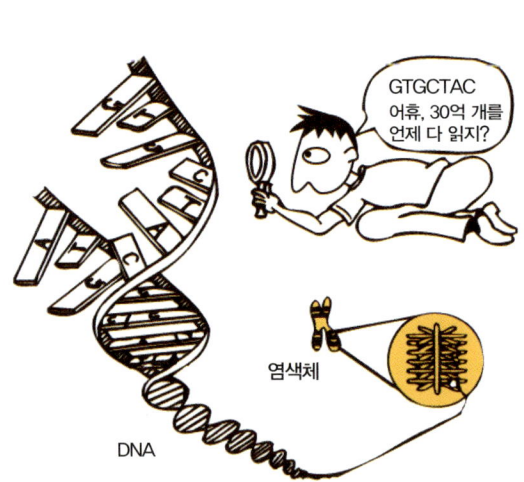

DNA라는 실가닥이 촘촘하게 감겨 있는 실패가 염색체이고, 인간 DNA상의 30억 개의 염기(A, T, G, C) 순서를 전부 읽어낸 것이 '인간 지놈 프로젝트'이다.

DNA 정보를 가지고 있다. 각 개인의 신원을 밝히는 데 DNA 정보를 이용하려면, 개인간의 차이가 많은 부분을 이용해야 한다는 것은 너무나 당연한 일이다.

그리하여 과학자들은 DNA상의 개인차가 많은 곳을 염색체에서 찾아냈다. 우리는 이와 같은 염색체를 개인마다 23쌍씩 가지고 있다. 각 쌍 중에 하나는 어머니로부터, 또 다른 하

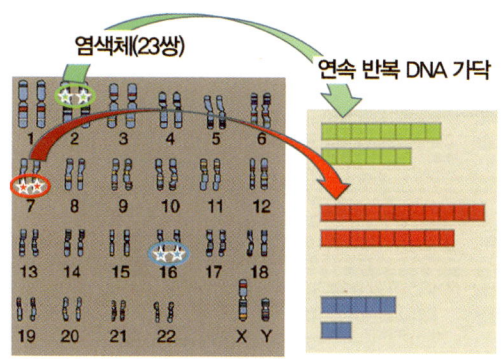

별표는 염색체상에서 DNA 정보의 개인차가 많은 부위를 나타낸다. 염색체 7번의 경우에 개인차가 있는 부분(그림에 빨간 별표로 표시된 부분)에서 하나의 염색체에는 열한 번의 반복이 있고(긴 빨간색 가닥), 또 다른 하나의 염색체에는 아홉 번의 반복이 있다(짧은 빨간색 가닥).

나는 아버지로부터 물려받은 것이다. 즉, 내 1번 염색체 두 개 중 하나는 내 어머니의 1번 염색체 두 개 중 하나를 받은 것이고, 또 다른 하나는 내 아버지의 1번 염색체 두 개 중 하나로부터 온 것이다. 23쌍의 염색체에서 개인차가 많은 부위의 DNA 특성을 살펴보면, 동일한 DNA 서열이 일정한 길이를 갖고 반복적으로 나타난다(위쪽 그림). 예를 들어, 염색체 7번의 개인차가 있는 부분(그림에 빨간 별표로 표시된 부분)에서 하나의 염색체에는 열한 번의 반복이 있고(긴 빨간색 가닥), 또 다른 하나의 염색체에는 아홉 번의 반복이 나타난다(짧은 빨간색 가닥). 이 반복횟수가 염색체상의 각 위치마다 다르고, 또한 사람마다 다르게 나타난다. 사람마다 반복횟수의 차이를 분간하여 신원을 밝혀내는 것이 바로 DNA 지문법이다. 사람마다 손가락 지문이 다르듯이, 각 개인간에 반복횟수가 다른 것이다. 반복횟수가 많으면 DNA 부위가 길고, 반복횟수가 적

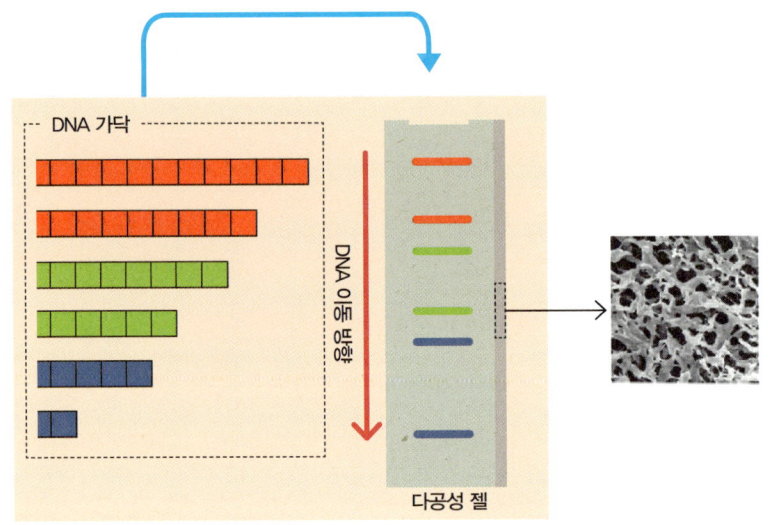

DNA 가닥의 장애물 경기(전기영동). 길이가 서로 다른 DNA 가닥을 모두 함께 다공성 젤을 통과시키는 장애물 경주를 시키면, 짧은 DNA 가닥은 빨리 이동하고 긴 DNA 가닥은 느리게 이동한다. 다공성 젤상에 나타난 밴드 패턴이 DNA 지문이다.

으면 이 부위가 짧다.

그렇다면, 눈에도 보이지 않는 DNA 가닥의 반복 부위의 길이를 어떻게 비교할 수 있을까? DNA 가닥의 길이를 비교하기 위한 방법으로, DNA 가닥을 서로 장애물 경기를 시키는 방법을 이용한다. 장애물 경기를 할 때는 몸집이 큰 사람보다는 몸집이 작은 사람이 유리하다. 위의 그림에서처럼 DNA가 통과해야 할 장애물로는 다공성 젤을 이용한다. **다공성 젤**은 내부에 스폰지처럼 구멍이 숭숭 뚫려 있는 구조이다. 길이가 서로 다른 DNA 가닥을 모두 함께 다공성 젤을 통과시키는 장애물 경주를 시키면, 짧은 DNA 가닥은 빨리 이동을 하고 긴 DNA 가닥은 느리게 이동을 한다. DNA를 이동시키는 방법으로는 **전기장**을 이용한다.

DNA 가닥은 마이너스 전기를 띠므로, 전기력이 미치는 공간인 전기장 하에서 플러스 전극 쪽으로 이동하게 된다. 이와 같이 이동시키는 방법을 전기장하에서 수영하여 이동한다는 의미로 **전기영동**이라고 부른다. 결과적으로 같은 길이를 가진 DNA 가닥들끼리는 같은 그룹을 형성하며 이동하는 양상을 띠게 되고, 이것은 밴드 형태로 나타난다. 이 밴드 패턴이 바로 특정인의 **DNA 지문**인 것이다.

드디어 밝혀진 진실

앞에서 이야기한 것처럼 DNA의 절반은 어머니로부터 또 다른 절반은 아버지로부터 받는다. 따라서 DNA 지문을 비교함으로써 친자확인이 가능하다. 아나스타샤라고 주장하는 여인이 진짜인지를 분간하기 위해서는, 이 여인의 DNA 지문을 황제와 황후의 DNA와 비교하면 된다. 만약 DNA가 각각 절반씩 일치하면 이 여인은 진짜 아나스타샤인 것이다. 이 작업을 위하여 과학자들은 먼저 DNA를 비교하여 유골 중에 어느 것이 황제의 것이고 어느 것이 황후의 것인지를 가려내는 작업을 수행하였다. 황후의 유골은 비교적 쉽게 확인할 수 있었다. 영국 엘리자베스 여왕의 남편인 필립 공이 황후의 조카손자이기 때문에 필립 공의 DNA를 얻어 이와 비교함으로써 황후의 유골을 확인하였다.

다음으로 황제의 유골을 확인하기 위하여, 과학자들은 황제의 형인 게오르그 로마노프가 잠들어 있는 대리석 관을 열고 DNA를 채취하려 했으나, 정부가 이를 허락하지 않았다. 수소문 끝에 황제의 친척 조카가 영국에 살고 있다는 것을 알아내고 DNA를 채취하려 하였다. 그러나 그는 이에 응하지 않았다. 자신이 지금 영국에 살고 있지만 영국에 대한 감정이 좋지 않았다. 러시아 왕조가 멸망할 당시에 영국이 로마노프 왕조를 도와주지 않았기 때문에 영국의 과학자가 주도하는 이 작업을 도와줄 수 없다는 것이었다. 황제의 유골을 확인하는 데 어려움을 겪는 동안에 황제의 피가 묻은 손수건이 일본에서 발견되었다. 손수건에 묻어 있는 혈흔에서 DNA를 채취하는 작업을 시도하였으나, 작업 도중 오염되어 DNA를 얻을 수 없게 되었다. 이런저런 어려움 끝에 드디어 공산당 정부는 황제 형의 대리석 관을 열고 DNA를 채취하도록 허락하였다.

이제 아나스타샤라고 주장하던 안나 앤더슨의 DNA만 채취하여 비교하면 된다. 그러나 이 여인은 사망 후 화장하여 시신이 남아 있지 않았다. 매우 난감한 상황이 되었다. 그런데 이 여인이 생전에 응급 개복 수술을 한 기록이 병원에서 발견되었다. 검사를 위하여 떼어놓았던 조직의 일부가 아직도 그 병원에 보관되어 있었다. 그 조직에서 DNA를 채취하여 황제, 황후의 DNA 지문과 비교하였다. 그 결과는 너무나도 명확하게 나타났다. 여인의 DNA는 황제, 황후의 DNA와는 아무 상관이 없었다. 이 여인은 결국 아나스타샤가 아님이 판명되었다. 개개인의 DNA 정보 차이를 구분하는 DNA 지문법은 이와 같이 친자확인, 범죄 수사 등에 이용될 뿐 아니라, 테러나 자연재해로 발생하는 사망자의 신원확인 및 전쟁에서 전사한 군인들의 신원확인에도 이용된다.

JUMP IN LIFE

DNA 세계에 불가능은 없다
— DNA로 만든 나노 로봇

박태현

📖 DNA 나노 구조, 나노 테크놀로지

DNA 나노 구조

DNA는 생명체가 살아가는 데 필요한 정보를 담고 있다. 이처럼 생명의 정보를 담고 있는 DNA를 가지고 여러 가지 형태의 도구를 만들려는 노력이 행해지고 있다. 이를 **DNA 나노 테크놀로지**라고 부른다. DNA는 폭이 2나노미터인 이중나선 실가닥 형태의 나노 물질

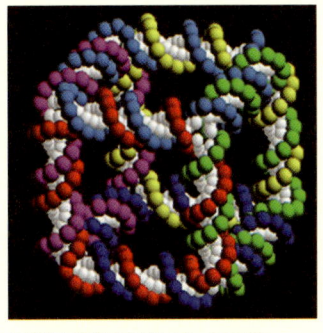

주사위 형태의 DNA 나노 구조물

이다. 오른쪽 위의 그림처럼 DNA를 가지고 주사위 형태의 정육면체 골격을 만들기도 하고, 아래 그림처럼 타일 형태의 조각들을 평면으로 규칙적으로 배열하여 평평한 형태도 만든다. 아래 그림에서 각각

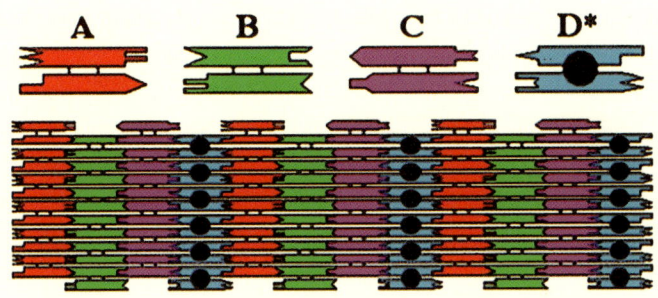

평면 형태의 DNA 나노 구조물

제1장 아름다운 분자들의 세계

27

의 A, B, C, D 조각들은 DNA 이중나선 실가닥 조각 두 개를 나란히 붙여 만든 것들이다. 이들 A, B, C, D를 연속적으로 서로 붙여서 평평한 평면 구조를 만들 수 있다. 오른쪽 그림은 이렇게 만들어진 평면 구조의 실제 이미지이다. 이렇듯 DNA를 가지고 여러 가지 형태의 기하학적 구조를 가진 장난감을 만들어내고 있다.

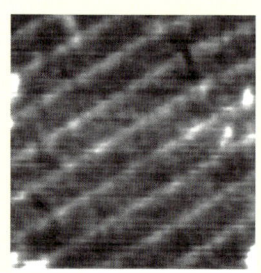

평면 형태의 DNA 나노 구조물의 원자현미경 사진

더 나아가서 DNA 모터라고 불리는 움직이는 장난감도 만든다. 아래 그림은 빨래를 짜듯이 뒤틀리며 움직이는 DNA 구조물을 보여준다. 중간 부분의 노란색 DNA의 구조가 오른 방향 DNA(B-DNA)와 왼 방향 DNA(Z-DNA) 형태를 번갈아가며 가짐으로써 뒤틀리는 형태의 운동을 한다. B-DNA를 Z-DNA 형태로 변형시키려면, 염화헥사아민코발트(Ⅲ)라는 화학 물질을 첨가하면 되고 이 물질을 제거하면 Z-DNA는 다시 B-DNA 형태로 돌아온다. 이와 같은 형태 변화의 움직임은 형광색깔의 변화를 통해 관찰할 수 있다. 이를 위해 **형광 공명 에너지 전이**Fluorescence resonance energy transfer: FRET라는 방법이 사용된다. FRET란 서로 다른 형광색을 띠는 두 종류의 형광 염색 물질이 서로 떨어져 있는 거리에 따라서 색깔이 다르게 보이는 현상을 의미한다.

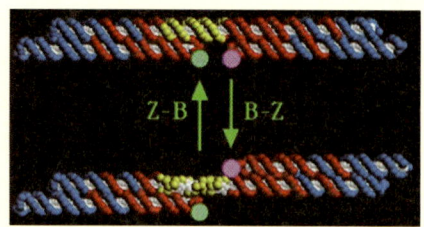

빨래 짜듯 뒤틀리는 DNA 나노 구조물

형광물질이란 낮은 파장의 빛을 흡수하고 더 긴 파장의 빛을 내보내는 물질이다. 뒤틀림 운동이 일어나는 중간 부분에 서로 다른 형광색깔을 띠는 두 종류의 염색 물질을 붙인다. 앞의 그림은 초록색 형광을 띠는 물질과 분홍색 형광을 띠는 물질을 사용한 예를 보여준다. 이 두 물질이 서로 거리를 두고 떨어져 있을 경우(그림 아랫부분)에는 초록색 형광을 띠게 만들기에 적절한 낮은 파장의 빛을 쪼이면, 분홍색 형광 물질은 이 파장의 빛을 흡수하지 못하므로 이 파장의 빛은 초록색 형광물질에만 작용하여 초록색 형광을 띤다. 반면에 이 두 물질이 가까이 있을 경우(그림 윗부분)에는, 초록색 형광을 띠게 하는 위와 같은 파장의 빛을 쪼이면 초록색 형광물질이 초록색 형광을 띠게 되지만 이 초록색 빛은 바로 옆에 있는 분홍색 형광물질에 흡수되어 초록색은 없어지고, 대신에 흡수된 빛은 분홍색 형광을 띠게 하는데 사용된다. 따라서 결과적으로 동일한 파장의 빛을 쪼이더라도 두 개의 형광물질이 가까이 있을 때는 분홍빛으로 보이고, 두 개의 형광물질이 거리가 떨어져 있을 때에는 초록빛으로 보이게 된다. 이와 같은 방법을 이용함으로써 두 개의 구조가 번갈아가며 바뀐다는 것을 색깔 변화로 관찰할 수 있게 된다.

DNA로 만드는 나노 로봇

　DNA를 가지고 집게도 만들 수 있다(오른쪽 그림). 이 경우도 집게가 벌어져 있는지 오므려 있는지를 FRET 방법을 이용하여 관찰할 수 있다. 다음 페이지

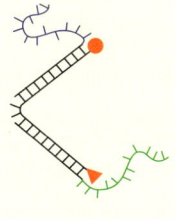

DNA 집게

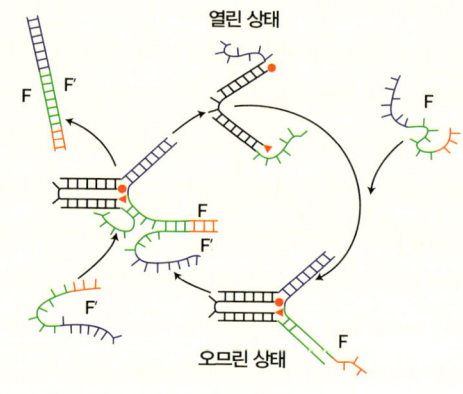

열렸다 오므렸다 하는 DNA 집게

그림과 같이 벌어진 DNA 집게에 달린 파란색 DNA 가닥과 초록색 DNA 가닥에 결합을 하는 단일 가닥의 DNA(F)를 첨가하면, 양쪽 끝에 달린 부분과 결합함으로써 벌어진 집게를 오므라들게 한다. 여기에 다시 방금 첨가했던 F 가닥과 결합하는 DNA 가닥인 F´를 첨가하면, 집게에 붙어 있던 F 가닥을 집게에서 떼어냄으로써 집게를 다시 벌어지게 만든다.

더욱 흥미로운 경우가, 두 다리로 저벅저벅 걸어가는 DNA 로봇 다리도 만들 수 있다는 점이다. 다음 페이지의 DNA 로봇 다리 그림처럼, 우선 기차레일과 같이 레일에 해당하는 DNA를 밑에 깔고, 그 위를 두 다리를 가진 DNA가 걸어가게 하는 방법이다. 두 다리 중 앞다리를 먼저 들게 한다. 이를 위해 앞다리를 붙잡고 있는 DNA 조각을 먼저 떼어내는데, 이 DNA 조각을 떼어내기 위해서는 이 DNA 조각과 결합하는 또 다른 DNA 조각을 첨가함으로써 가능하다. 이리하여 DNA 앞다리를 먼저 들게 만들고 앞다리가 한 걸음 앞에 위치한 DNA 레일과 결합하도록 이를 도와주는 DNA 조각을 추가로 첨가한다. 다음으로 남아 있는 뒷다리도 동일한 방법을 사용함으로써 한 걸음 앞으로 나가게 한다. 이와 같은 작업을 반복함으로써 DNA 로봇 다리를 DNA 레일 위로 한 걸음 한 걸음씩 앞으로 걸어가게 만들 수 있다. 이상에서 기술하였듯이 생명체의 정보를 담고 있는 DNA를 나노 구

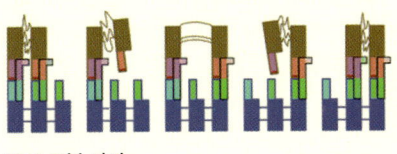
DNA 로봇 다리

조물을 만드는 재료로 사용하려는 연구도 활발하게 진행되고 있다. 이와 같은 연구는 DNA 나노 구조물을 만듦으로써 이를 이용한 새로운 개념의 컴퓨터를 만들려는 시도로 이어지고 있다.

신비한 나노 기술
- 미인 만들기 프로젝트

성종환

📖 나노 기술, 분자 구조

　첨단의료 기술을 동원한 성형수술, 다이어트, 화장품 등 아름다움을 위한 산업은 나날이 발전하고 있다. 과거에는 아름다움에 대한 관심이 주로 여성의 전유물이었지만 이제는 남녀노소 가리지 않고 아름다워지기 위해 노력한다. 그런 노력 중에서도 가장 일반적이고 쉬운 관리 방법이 화장품 사용이다. 예뻐지려고 병원을 찾아가거나 고통스러운 다이어트를 하기는 어렵지만, 아침에 세수를 한 후 로션 정도를 바르는 일은 누구나 쉽게 할 수 있다. 사람들은 아름다워지기 위해 매일 화장품을 사용하면서도 화장품의 성분이나 생산 과정은 잘 알지 못한다. 우리의 일상생활 어디서나 화학을 만날 수 있듯이 화장품에도 재미있는 화학의 원리가 적용되고 있다. 화장품은 특히 최근에 많이 이야기되고 있는 나노 기술과도 밀접한 관련이 있다. 나노 기술이 무엇이길래 화장품에까지 사용되는 것일까? 지금부터 나노 기술이 우리의 일상생활에 어떻게 적용되는지 살펴보도록 하자.

나노 기술의 정의

나노 기술은 크기의 단위를 뜻하는 나노nano라는 말에서 왔다. 나노라는 말은 10억분의 1, 즉 10^{-9}제곱을 뜻한다. 크기의 단위로 보자면 10억분의 1m라고 할 수 있다. 10억분의 1m라고 하면 상상할 수 없을 만큼 짧을 것이라는 느낌이 들 뿐 사실 감이 잘 잡히지 않는다. 머리카락 한 올의 두께가 대략 50마이크로미터(μm), 즉 5만 나노미터(nm) 정도라면 **나노미터**가 어느 정도 길이인지 대충 감이 잡힐 것이다.

1나노미터는 눈으로 볼 수 없고 최첨단 현미경으로 보아야 겨우 볼 수 있을 정도의 크기이다. 나노 기술, 즉 나노 테크놀로지라는 말은 나노미터 단위, 대략 1에서 100나노미터 정도 크기를 가지는 물질을 다루는 기술이다. 사실 어떻게 보면 굉장히 추상적이고 광범위한 정의라고도 할 수 있다. 그렇기 때문에 화학, 물리학, 생물학 등 다양한 과학 분야와 관련이 있고, 그 응용 범위도 의료, 섬유, 건설, 전자 제품 등 무궁무진하다.

> **마이크로미터(μm)**
> 1마이크로미터는 1미터의 100만분의 1, 1나노미터는 1미터의 10억분의 1로서 엄청나게 작은 크기다. 좀 더 이해하기 쉽게 설명하면, 1나노미터는 머리카락 한 올 두께의 5만분의 1 정도라고 할 수 있다.

나노 기술의 첫 번째 장점
– 작은 크기

흔히 나노 기술은 미래를 이끌 첨단 기술의 하나로 평가받는다. 예를 들면 몇 년 전 정부에서는 차세대 전략 기술의 하나로 나노 기반 기술을 꼽고 집중적인 투자를 하기로 계획을 세우기도 했다. 그렇다면 나노 기술은 왜 그렇게 각광을 받는 것일까? 나노 기술의 핵심은 그 이름에서 알 수 있듯이 나노미터 단위의 '작은 크기'에 있다. 우리의 일상생활에서는 보이지도 않을 정도로 작은 크기의 물질들은 우리가 일반적으로 생각하는 물질들과는 다른 방식으로 행동한다. 심지어는 원자 하나하나를 일일이 옮겨서 쌓아올리는 것도 가능하다. 그럴 경우 그전에는 존재하지 않던 전혀 새로운 기능을 가진 물질이나 재료를 만드는 것도 가능하다. 나노 기술의 첫 번째 장점은 작은 크기이다. 나노 테크놀로지를 이용하면 깨알보다도 작은, 나노미터 크기의 글자를 새길 수도 있는데 그 정도 크기의 글자를 사용하면 못의 머리 정도 넓이에 도서관에 있는 책의 내용 전부를 새겨넣을 수도 있다.

반도체 산업에는 **무어의 법칙**이라는 말이 있다. 무어의 법칙이란 미국의 반도체 회사 인텔Intel의 창업자인 고든 무어Gordon Moore의 이름을 따서 만든 말로, 반도체 마이크로칩에 저장할 수 있는 데이터의 양이 매년 또는 매 18개월마다 두 배씩 늘어난다는 법칙이다. 20세기 후반, 그리고 21세기 초반에 이르는 동안 컴퓨터의 성능과 용량이 비약적으로 증가하는 양상을 단적으로 설명하는 법칙인데, 이에 기여한 가장 큰

> **집적화**
> 크기를 줄여 많은 숫자의 소자들을 작은 크기의 칩 위에 모아서 전자회로를 만드는 기술.

요인은 바로 나날이 발전하는 소형화와 **집적화**였다.

이렇게 점점 더 작은 크기의 전자회로를 만들 수 있게 됨에 따라 컴퓨터의 성능과 사양이 크게 발전했다.

나노 기술의 두 번째 장점
– 작은 크기로 인해 달라지는 물리적 현상

하지만 단순히 '작은 크기'만이 나노 기술의 장점은 아니다. 나노 기술의 두 번째 장점은, 그 작은 크기로 인해 우리가 생활하는 일상적인 환경에서는 보지 못했던 여러 가지 재미있는 물리적인 현상들이 일어나게 된다는 것이다. 우리 주위에서 흔하게 볼 수 있는 예를 한 가지만 들어보자. 높은 곳에 놓인 물체가 아래로 떨어지는 것은 **중력**의 영향이다. 우리 인간은 자기 키의 두세 배 정도 높이에서 떨어지기만 해도 치명적인 부상을 당한다. 또한 인간은 물 위를 걸을 수 없다. 물 표면에 발을 올려놓으면 바로 물에 빠지고 만다. 하지만 우리보다 크기가 훨씬 작은 생물은 조금 다르다. 예를 들어 개미가 인간의 키 높이 정도에서 떨어진다고 해도 다치지 않는다. 또 작은 벌레는 물 위에 떠서 이리저리 움직일 수도 있다. 이런 일들이 가능한 이유는 바로 물체의 크기에 따라 물체에 작용하는 상대적인 힘의 세기가 달라지기 때문이다.

좀 더 자세하게 설명하면, 자연 상태에서 물체에는 여러 가지 힘이 동시에 작용하고 있다. 그런데 이러한 힘들은 물체의 크기에 따라 상대적인 크기가 달라진다(물질의 크기에 따라 변화하는 표면장력 중력의 크기 차

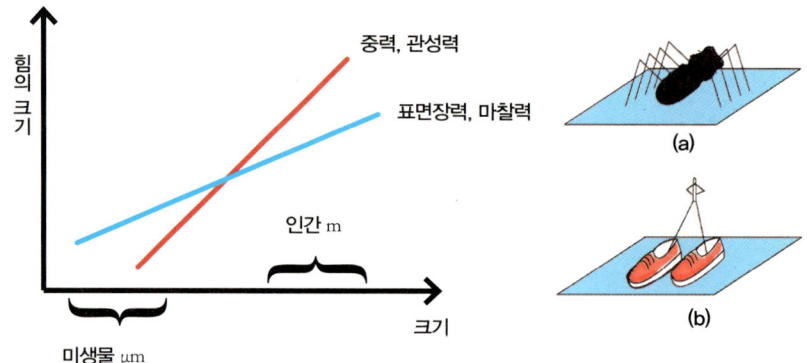

물체의 크기에 따라 변화하는 표면장력과 중력의 크기 차이
작은 벌레는 표면장력이 중력보다 크기 때문에 물 위에 뜨지만(a) 사람은 중력이 더 크게 작용하기 때문에 가라앉는다. 만약 사람이라도 엄청나게 큰 신발을 신어서 표면장력을 크게 만든다면 물 위에 뜰 수 있을 것이다(b).

이 그래프 참조). 어떤 힘은 물체가 클 때 더 커지는 반면, 어떤 힘은 물체가 작아졌을 때 상대적으로 더 큰 힘을 발휘한다. 간단한 예로 물 위에 떠 있는 벌레에 작용하는 중력과 표면장력을 들 수 있다. 중력이란 질량을 가진 물체에 작용하는 힘으로, 지구 위에 있는 모든 물체들은 아래로 당겨지는 힘을 받게 된다.

반면 표면장력이란 액체 분자들끼리 서로 당기고 뭉치려는 힘에 의해 생기는 작용으로 액체의 표면적을 최소화하는 것이다. 풀잎 위에 맺힌 물방울이 둥근 모양을 유지하는 것도 표면장력에 의한 것이다. 물 위에 떠 있는 벌레를 예로 들면, 중력의 힘에 의해 아래로 끌어내려지는 반면 물의 표면에서 작용하는 표면장력에 의해 위로 받쳐지고 있다. 물에 뜰 수 있느냐 없느냐는 아래로 끌어당기는 중력이 더 강한지 아니면 아래에서 받쳐주는 표면장력이 더 강한지에 따라 결정된다. 인간과 같이 크기가 큰 물체에서는 중력의 힘이 훨씬 크기 때문에 당연히 물에 가라앉는다. 반면에 벌레와 같이 작은 물체는 중력보다 표면장력이 크기 때문에 물 위에 뜬다.

　이 이론에 따르면 인간이 물 위에 뜨기 위해서는 간단한 방법이 있다. 바로 표면장력을 크게 하는 것이다. 표면장력은 말 그대로 물체의 표면적에 비례한다. 엄청나게 큰 신발을 구해서 신는다면 물에 닿는 표면적이 넓어지고, 표면장력도 비례해서 커질 것이다. 이처럼 점점 신발 크기를 크게 하다 보면 물 위에 뜰 수 있을 것이다(앞의 신발 그림(b) 참조). 이렇게 간단한 예를 들어서 설명했지만, 물체의 크기가 작아지면 그 작은 크기로 인해 여러 가지 다른 현상들이 일어나고, 이러한 현상들을 우리 생활에 유용하게 이용할 수 있다. 예를 들면 화학 접착제를 쓰지 않고도 강력하게 접착하는 표면이라든지, 더러운 공기 속에서도 비만 내리면 스스로 세척이 되는 유리 표면과 같은 신기한 제품들을 만들 수 있다.

나노 기술의 세 번째 장점
– 원자의 재배열을 통한 새로운 물질의 창조

　나노 기술의 세 번째 장점은, 원자의 배열부터 새롭게 함으로써 자연에 존재하지 않는 완전히 새로운 물질을 만들 수 있다는 점이다. 이렇게 만들어진 새로운 물질은 자연에 존재하는 기존의 물질에 비해 훨씬 유용한 성질을 가진다. 예를 들면 어떤 총탄에도 뚫리지 않으면서도 무게가 가벼운 방탄조끼라든지, 강철보다 몇 배 강하면서 무게는 훨씬 가벼운 물질로 자동차나 비행기를 만들 수 있다면 정말 유용할 것이다. 이를 가능하게 해주는 신물질이 바로 탄소섬유인데, 탄소를 독특한 결정 구조로 배열하여 강도는 높고 가벼우면서 아주 가는 섬유를 만들면 (0.01mm 정도 두께) 의류, 항공우주, 자동차, 건축, 군사 등 다양한 분야에 사용할 수 있을 것이다.

나노 화장품

다시 처음 얘기했던 화장품으로 돌아가서, 나노 기술이 집중적으로 쓰이는 분야 중 하나가 나노 화장품이다. 그중 대표적인 예가 **자외선 차단제**이다. 강력한 햇빛에 포함되어 있는 자외선은 화상 등을 일으켜 피부를 손상시키고 피부세포의 유전자를 변형시켜 피부암을 유발할 수 있다. 자외선 차단제는 자외선을 일부 차단함으로써 피부를 자외선으로부터 보호하는 역할을 한다. 선크림이 자외선을 차단하는 역할을 하는 비밀은 **자외선 산란제**라는 물질이다.

자외선 산란제는 자외선을 산란시키거나 흡수하여 자외선이 피부에 직접적으로 닿지 않도록 한다. 자외선 산란제로 쓰이는 가장 대표적인 물질은 **이산화타이타늄(TiO_2)**이다. 사실 이산화타이타늄은 밝은 흰색을 내면서 인체에 해가 없다고 알려져 있어서 다양한 용도로 쓰인다. 예를 들면 페인트에서 백색을 내는 안료, 소시지를 둘러싸는 막, 파우더, 립스틱, 젤라틴 캡슐 등에 들어가는 물질이다. 또한 이산화타이타늄은 자외선을 흡수하는 성질이 있기 때문에 자외선 차단제의 주요 성분으로 쓰인다. 하지만 이산화타이타늄만으로 자외선 차단제가 완성되는 것은 아니고, 바르기 편하도록 크림의 형태로 만들기 위해 다양한 물질을 추가로 넣어야 한다.

자외선 차단제나 로션과 같이 크림의 형태로 되어 있는 화장품은 대부분 기름과 지방, 물을 적당한 비율로 혼합한 물질이다. 기름과 지방질은 피부 표면을 부드럽고 매끈하게 덮어줌으로써 외부 물질이나 자외선이 침투하는 것을 막아준다. 물은 크림을 쉽고 부드럽게 바를 수 있도록 도와주는 역할을 한다. 그런데 물과 기름은 서로 성질이 다르기 때문에 균일하게 섞이지 않는다. 물 성분과 기름 성분이 균일하게 잘 섞이도록 도와주는 물질이 추가로 필요한데 이를 **유화제**라고 한다. 유화제는 기름방울이 물속에서 미세한 입자로 나뉘도록 함으로써 물과 기름이 균일하게 섞이도록 도와준다. 이밖에도 몇 가지 물질이 더 들어가야 하는데, 물 성분에서 미생물이 자라서 크림이 부패하지 않도록 방부제가 들어가야 하고, 이러한 여러 성분들의 냄새를 감추고 좋은 향이 나도록 향료를 추가한다.

자외선 차단제가 제 기능을 하기 위해 가장 중요한 물질인 이산화타이타늄은 밝은 흰색이기 때문에 얼굴에 바르면 지나칠 정도로 하얗게 보인다. 이러한 단점을 극복할 수 있는 방법이 나노 기술에 있다. 이산화타이타늄 입자를 2~3마이크로미터 정도의 크기로 만들면 흰색이 보이지만, 그보다 작게, 예를 들면 100~200나노미터 정도의 크기로 만들면 가시광선의 파장 영역보다도 작아지기 때문에 눈에 보이지 않는다. 따라서 좀 더 투명한 크림을 만들게 되는 것이다. 이산화타이타늄의 입

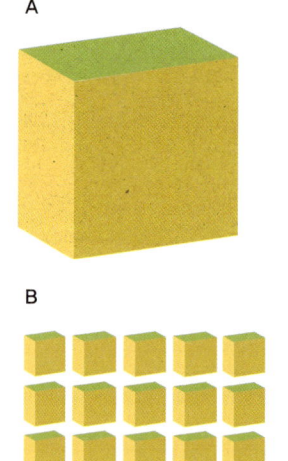

입자의 크기에 따른 표면적의 변화

자 크기를 작게 만들면 한 가지 중요한 이점이 더 생긴다. 왼쪽 그림 B처럼 입자가 작아질수록 부피당 표면적이 커지기 때문에, 같은 양을 발라도 자외선을 흡수할 수 있는 표면적이 훨씬 늘어나 자외선을 막아주는 효과가 높아진다.

자외선 차단제 말고 다른 화장품에서도 나노 기술은 유용하게 쓰인다. 예를 들면 피부에 영양을 공급하는 화장품은 입자 크기를 작게 만들수록 영양 성분이 피부세포에 잘 흡수되기 때문에 나노 기술을 이용하여 작은 입자 크기를 가진 화장품을 만든다. 또 피부 노화를 방지하기 위한 비타민 C를 본래 입자 크기보다 작은 나노미터 크기의 입자로 만들어서 흡수율을 높일 수 있고, 나노미터 크기의 작은 캡슐을 만들어서 그 안에 비타민과 같은 영양 성분을 집어넣을 수도 있다. 이러한 캡슐은 피부세포에 흡수된 후에 내부에 있는 영양 성분을 방출함으로써 영양 성분이 보다 효율적으로 피부세포에 전달되도록 한다.

의학에 적용되는 나노 기술과 나노 물질의 위험성

인간의 아름다워지기 위한 노력에 나노 기술이 도움을 준다는 사실을 살펴보았다. 나노 기술은 여기서 그치지 않고 건강과 의학에도 도움을 주고 있다. 몸 안에 독성을 가진 물질이 들어왔을 때, 과거에는 이를 제거하기가 힘들었지만 나노 입자를 사용하면 쉽게 제거할 수 있게 될 것이다. 나노 입자들 중에는 자석의 성질을 띠게 만들어진 입자들이 있다. 이러한 **나노 입자**의 표면을 독성 물질을 인식하는 물질로 처리한 후 몸 안에 주입하면 몸 안에서 독성 물질과 결합한다. 독성 물질과 결합한 나노 입자를 자석을 이용해서 분리하면 간단하게 독성 물질을 몸에서 제거할 수 있다. 또는 암 치료에도 자성 나노 입자를 사용할 수 있는 가능성이 있다. 자성을 띠는 나노 입자를 몸에 주입한 후에 자석을 이용해서 나노 입자를 엄청나게 빠른 속도로 진동하게 만들 경우 그 진동으로 인해 열이 발생하게 되고 그 열을 이용해 암세포를 파괴할 수 있다. 이러한 기술을 이용하면 수술로는 쉽게 접근할 수 없는 뇌종양 같은 까다로운 암조직도 보다 쉽게 제거할 수 있을 것이다.

이렇게 나노 기술은 무궁무진한 가능성을 가지고 있는 것처럼 보이지만, 아직 알려지지 않은 위험성도 많이 내포하고 있다. 나노 기술의 위험성 중 하나는 그 작은 크기 때문에 초래된 위험이다. 나노 화장품처럼 몸에 좋은 물질이 흡수가 잘 되면 좋지만, 몸에 해로운 나노 물질이 있다면 크기가 큰 물질보다 빨리 흡수되기 때문에 더욱 위험하다.

또한 나노 입자는 원래 자연에 존재하지 않던 물질이기 때문에 우리의 몸은 이를 효율적으로 제거하는 방법을 알지 못할 가능성도 있다. 따라서 몸에 좋지 않은 나노 물질이 몸에 들어올 경우 문제가 심각해질 수 있다. 먼지 같은 이물질로부터 우리 몸의 호흡기관을 보호해주는 마스크 같은 기구도 나노 입자 앞에서는 쓸모가 없다. 마스크에 달린 공기

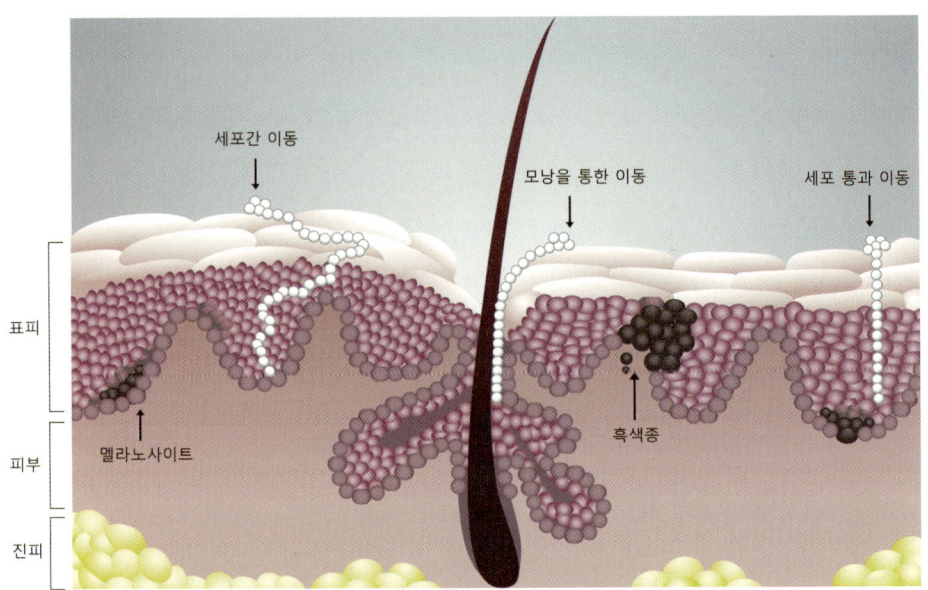

피부를 통과하는 미세한 나노 입자

필터는 크기가 큰 먼지들은 걸러주지만 나노 입자는 그대로 통과시킬 수도 있기 때문이다. 이러한 위험성을 똑바로 알고 제대로 통제할 때에야 비로소 나노 기술이 인간에게 유용하게 사용될 수 있을 것이다.

JUMP IN LIFE

고분자가 제 이름을 찾기까지

하창식

📖 고분자 개념, 고분자와 저분자, 고분자라는 이름의 역사적 배경

오늘날 고분자는 플라스틱이나 고무, 각종 접착제, 도료 등의 일상 용품, 각종 전자 제품, 항공우주 산업 제품, 인공심장 같은 의료 용품에 이르기까지 광범위하게 사용되고 있다. 인류가 **고분자**를 발견하고 사용하기 시작한 것은 불과 90여 년 전이다. 물론 고분자 재료는 인류의 역사와 함께했다고 볼 수 있지만, 현대적 의미에서 고분자의 역사는 아주 짧다. 우리의 일상생활에서 널리 쓰이고 있지만 아직도 생소한 고분자의 실체를 지금부터 파헤쳐보자.

고분자의 어원

고분자는 영어로 macromolecule 또는 **폴리머**polymer라고 불리며, 보통 분자량이 10,000 이상인 **거대분자**를 의미한다. 거대macro 분자molecule란 뜻의 macromolecule은 그렇다 해도 폴리머polymer가 그리스어의 '많다'라는 뜻의 polys에서 유래된 poly와 '부분'을 뜻하는 meros에서 유래된 mer의 합성어라는 사실은 고분자 과학의 기본에 해당한다. 다각형이란 뜻의 polygon이나 다도해인 polynesia도 poly에서 유래되었다고 볼 수 있다. 산스크리트어의 '많다'라는 뜻의 puru도 poly와 관계가 있으리라 추측할 수 있고 라틴어의 '충분하다'는 뜻의 plere도 poly와 친척인 어원이니, plere로부터 유래된 영어의 plus나 full도 먼 친척쯤 될 듯하다. plere로부터 유래된 complete나 replete, plus로부터 비롯된 plural, full

제1장 아름다운 분자들의 세계

에 해당하는 독일어의 voll도 어찌 보면 poly와 발음이 비슷한 뿌리를 가지고 있을 법하다.

그에 비해 고분자와 **저분자** 화합물의 중간 정도 분자량을 갖는 물질을 **올리고머**oligomer라고 부른다. '작다'라는 뜻의 그리스어 oligos에서 oligomer가 유래되었다. oligosaccharide, oligonucleotide도 모두 같은 뿌리를 가지고 있다. 플라스틱은 '만들어진다'라는 뜻의 plassein이라는 그리스어로부터 유래되었다.

고분자의 정의

폴리머 혹은 **중합**polymerization이란 말은 1832년 베르셀리우스Jöns Berzelius가 사용한 이래 거의 100년 동안 사용되어왔는데 베르셀리우스가 사용한 폴리머는 오늘날 우리가 알고 있는 고분자와는 뜻이 전혀 다르다. 저분자 화합물과는 다른 오늘날 널리 통용되는 거대분자란 뜻의 macromolecule란 용어는 독일의 화학자 슈타우딩거Hermann Staudinger가 처음으로 사용했다.

초창기에 폴리머란 용어는 두 개의 분자로 이루어진 물질dimer, 혹은 세 개의 분자로 이루어진 물질trimer 정도의 분자나 혹은 유사한 성

고분자로 만든 제품들

질을 갖는 고분자량의 이성체isomer를 의미했다. 가령, 당시 유명한 화학자였던 베르셀리우스는 전자기학으로 유명한 패러데이Faraday가 비교적 큰 n을 갖는 C_nH_{2n} 화합물을 '와인 기름oil of wine'으로 불렀을 때 'polymeric'이란 용어를 사용해야 한다고 주장했다는 것은 역사적으로 널리 알려져 있다. 즉, 그는 CH_2에 대해 C_4H_8를 polymeric이라고 불렀던 것이다. 19세기 중엽, 혹은 20세기 초에 이르기까지 폴리머란 용어는 화학자들 사이에서 널리 사용되었다. 이를테면, 베실롯Bethelot은 베르셀리우스가 폴리머란 용어를 처음 사용한 지 34년 후인 1866년 발표한 논문에서 포름알데히드(CH_2O), 초산($C_2H_2O_2$), 젖산($C_3H_6O_3$), 글루코스($C_6H_{12}O_6$)를 'polymerism'으로 보고하였다. 1930년대에 이르기까지 심지어 슈타우딩거 자신도 자신이 분자량이 점점 클수록 중합물의 용액점도 거동이 특이하다는 것을 발견하기 전까지는 스티렌styrene의 중합에 대한 논문에서 베르셀리우스와 같은 의미로 폴리머 용어를 사용했다.

> **이성체(isomer)**
> 분자식은 같지만 물리적·화학적 성질이 다른 화합물. 분자 안에서 원자의 배열 방식이 다르기 때문에 다른 성질을 가진 화합물이 생성된다.

그는 자신이 잘못 알고 사용했던 폴리머를 새로 발견한, 오늘날 우리가 알고 있는 고분자와 구분하기 위해 거대분자macromolecule란 용어를 만들어냈다. 영어 단어가 같은 폴리머라도, 우리가 오늘날 사용하는 고분자는, 100년 전에 사용했던 폴리

거대분자라는 용어를 처음 사용한 슈타우딩거

제1장 아름다운 분자들의 세계   45

> **슈타우딩거**
> **(Hermann Staudinger, 1881-1965)**
> 독일의 화학자. 1953년 플라스틱을 개발한 공로로 노벨 화학상을 받았다. 그는 작은 분자가 단순한 물리적 집합(aggregation)이 아니라 화학적 상호작용으로 인해 긴 사슬형 구조(중합체)가 된다는 사실을 밝혀냈다.

머와는 의미가 다르고 이러한 사실을 통해 학문의 발전에 따른 용어의 의미 변화를 알 수 있다.

슈타우딩거는 macromolecule이라는 말을 처음 사용한 공로로 고분자의 아버지라 불린다. 앞에서 예를 들었다시피 1920년대 이전만 하더라도 고분자가 존재한다는 사실에 대해 알고 있는 사람들은 거의 없었다. 심지어 **유기 화합물**에 익숙해 있던 화학자들조차도, 분자량이 10,000 이상이나 되는 거대분자가 존재한다는 사실을 믿으려고 하지 않았다. 슈타우딩거가 고분자의 존재 사실을 처음으로 밝히고 고분자에 대해 이해시키려고 했을 때의 어려움은 말로 다 표현할 수가 없었다. 당시에 존재했던 고정관념을 깨뜨리고 고분자라고 하는 새로운 개념을 제안했을 때 당시 학자들의 저항은 엄청났다. 오죽했으면 1926년 독일 뒤셀도르프에서 개최되었던 독일 과학자 학술대회에 참석했던 한 학자가 보였다는 놀라운 반응이 지금까지 전해지고 있다.

> 우리가 받았던 충격이 얼마나 컸는가는 마치 어떤 동물학자가 아프리카 어딘가에서 길이가 45m나 되고 높이가 9m가 넘는 코끼리를 발견했다고 들었을 때 받는 느낌과 같다.

스웨덴 왕립학회가 수여한 노벨상 수상발표문을 통해서도 고분자가 제 이름을 찾기까지 얼마만큼 큰 어려움이 있었는가를 잘 알 수 있다.

> 슈타우딩거 교수님, 30년 전 귀하께서는 화학 분자가 어떤 크기를 가지게 되고, 이 큰 분자들은 우리 세계에 중대한 역할을 담당하게 될 것이라고 예견하였으며, 또 그에 대한 타당한 이유를 가지고 있었습니다. … 오랫동안 귀하의 견해가 동료들에게 거부당해왔다는 것은 더 이상 비밀이 아니며, 또 충분히 이해가 되는 일입니다. … 고분자 과학의 발전은 더 이상 평화스러운 목가적 풍경 같은 그림이 아닙니다. 시간이 지날수록 논쟁은 소멸되고 잠잠해졌습니다. 주요한 연구 분야에 대해서는 의견일치가 이루어지고, 귀하의 선구자적인 성과는 점차 명확해져가고 있습니다. 고분자 과학 분야에서 귀하의 업적이 자연과학과 재료 분야에 기여한 공로를 기념하여 왕립학회는 올해의 노벨상을 귀하께 수여하기로 하였습니다.

고분자 과학에서 슈타우딩거 교수만큼 중요한 역할을 한, 또 다른 학자로 플로리Paul Flory 교수를 들 수 있다. 슈타우딩거 교수가 고분자를 발견하고 고분자의 개념을 제안하였다면, 고분자의 이론적 배경을 제시한 것은 플로리 교수였다. 플로리 교수 역시 고분자의 물리화학적 성질 규명은 물론이고 고분자 과학의 중요 이론들을 개발한 공로로 1974년 노벨화학상을 수상했다. 고분자가 오늘날 자리매김을 하기까지, 슈타우딩거 교수나 플로리 교수 등과 같은 선구자적인 학자들의 시대를 앞선 혜안과 노력이 있었음을 잊어서는 안 될 것이다.

나일론
-세기의 발명품답게 어려웠던 이름 짓기

하창식

📖 합성섬유의 정의, 나일론 분자 구조, 나일론의 중요성

나일론이란 무엇일까?

우리가 입고 있는 옷을 만드는 기본 물질을 섬유라고 한다. 섬유에는 비단이나 면 같은 천연섬유가 있고 나일론, 폴리에스테르 같은 합성섬유가 있다. 합성섬유 중 특히 나일론은 20세기 인류의 10대 발명품 중의 하나로 꼽힐 만큼 역사적인 화학 물질(화합물)로 오늘날 섬유의 대표주자라 해도 과언이 아니다.

합성섬유
석유, 석탄, 천연가스를 원료로 화학적으로 합성한 섬유. 나일론, 비닐론, 폴리에스테르 등이 있다.

나일론은 고분자량의 **폴리아미드**로 이루어진 합성 플라스틱 물질을 말한다. 하지만 대부분 섬유로 제조된다. 나일론은 1930년대에 뒤퐁Du Pont사에서 일하던 미국의 화학자 윌리스 캐러더스W. Carothers가 이끄는

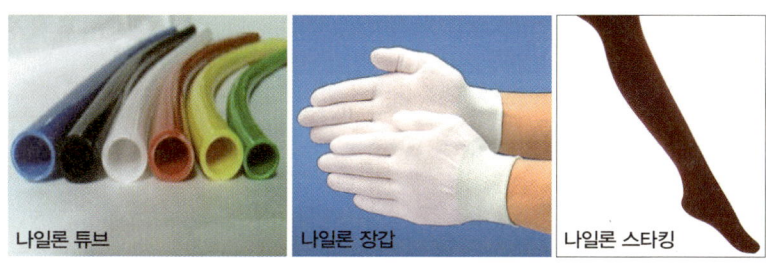

여러 가지 나일론 제품들

연구팀이 개발했다. 주변에서 쉽게 얻을 수 있는 공기·물·석탄·석유 등을 화학적으로 합성해서 나일론 같은 유용한 섬유를 생산하게 되자 고분자의 연구 영역이 크게 확장되었고 이로 인해 화학 합성 물질의 종류도 빠르게 늘어났다. 나일론을 용융 또는 용해한 원액 상태에서 방사구를 통해 뽑아내거나 성형하면 섬유·필라멘트· 얇은 판 등이 만들어지는데 이것으로 실·천·밧줄 등 여러 가지 제품을 만든다. 일반적으로 나일론은 내마모성·내열성·내화학성이 좋다. 폴리아미드는 디카르복실산dicarboxylic酸과 디아민에서, 또는 자체 축합할 수 있는 아미노산에서, 또는 ε-카프로락탐처럼 고리 안에 $-CONH^-$ 작용기를 갖는 아미노산의 락탐에서 만들 수 있다. 가장 널리 쓰이는 나일론은 아디프산과 헥사메틸렌디아민으로 만들며 이들은 각각 탄소 원자 6개를 가지고 있기 때문에 나일론 6.6이라는 이름이 붙었다. 카프로락탐에서는 나일론 6이 얻어지는데, 이는 기본 단위 안에 6개의 탄소 원자를 가지고 있기 때문에 붙인 이름이다.

처음에 나일론이 "석탄, 물, 공기와 같은 평범한 재료로부터 만들어졌다."고 해서, 당시의 만화엔 석탄 한 덩어리와 선풍기와 물 한 병을 담은 통을 든 사람으로 나일론을 묘사하기도 했다. 이 때문에 무nihil에서 유를 창조하였다고 해서 nihil과 회사 이름인 Du Pont를 합쳐 나일론nylon이란 이름이 유래했을 것이란 해석이 나오기도 했다.

 나일론이 발명될 당시 나일론 스타킹은 혁명적인 바람을 불러일으켰다. 그에 못지않게 나일론이란 이름 때문에 일어난 재미있는 에피소드도 많다. 한 가지만 소개해보자. 제1, 2차 세계대전 동안 군국주의가 판을 친 일본이 동아시아 침략의 만행을 자행한 것은 잘 알려진 사실이다. 당시 일본은 비단을 팔아 막대한 군수품을 사들였다. 하지만 나일론의 등장으로 일본의 비단 판매가 어렵게 되자, 일본 비단업자들은 일본 정부, 특히 농업산림청에 불만이 많았다. 나일론의 영어 단어를 거꾸로 읽으면 nolyn인데 이 발음이 일본어의 '농업과 산림'을 의미하는 단어와 발음상 비슷했기 때문이다. 나일론으로 인해 일본과 무역 분쟁이 일어날 기미가 보이자, 일본에 호의적이지는 않았지만, 당시 뒤퐁사의 부회장 레오나르드 예르케가 서둘러 다음과 같은 편지를 일본의 섬유공급 및 수요협회에 써 보냈다고 한다.

> '나일론'이라고 이름을 붙인 이유는 나일론이 발음하기 쉽고, 기억하기 쉬운 단어이기 때문이지, 일본의 비단을 깎아내리기 위한 의도는 없습니다. 믿어주세요.

세기의 발명품 나일론과 그 인기

그런데, 뒤퐁사는 우월한 특성을 가진 새로운 합성 고분자에 맞는 나일론이란 이름을 짓기까지 숱한 우여곡절을 겪었다. 처음에 뒤퐁사는 '뒤퐁이 쉽게 해결책을 내놓다'라는 뜻의 duparooh를 비롯해서 dupron이란 이름을 고려하기도 했다. 주로 임원들 중심으로 duponese, pontella, lustrol 등의 이름을 제안했다. 그래서 뒤퐁사는 '새로운 섬유 6.6 물질 명명 위원회'를 조직했다. 섬유의 이름에 새로운-new과 발음상 비슷한 nu가 포함되어야 한다는 의견이 회사의 전체적인 분위기였다. nuyarn, nuyar, nuya 등의 이름이 거론되다가 nuray로 정리가 되는 듯했다. 그전까지 인조 비단이라 불린 레이온이란 섬유가 사용되고 있었기 때문에 새로운 인조 비단이란 뜻에서 nuray라는 이름이 등장했지만 이 이름에 대한 거부감 역시 만만찮았다. 심지어 새 섬유 물질 6.6에 대한 심각한 모욕이라고 생각하는 사람도 있었다.

내부에서는 새 섬유 물질의 이름에 대해 각가지 아이디어가 속출하였다. Amido Silk, Dualin, Lastra, Novasilk, Ramisil, Syntex, Tensheer 등 약 350여 개의 이름이 거론되었다.

결국 기억하기 쉬운 norun이 등장하게 되었고, norun은 nuron으로, nulon으로 바뀌는 과정을 거치게 되었다. 한때 광고에서 new nulon으로 불리었다가 nilon으로 바뀌게 되었는데, 발음상 세 가지로 다르게 들린다는 이유로(즉, 'nee-lon', 'nil-lon', 'nigh-lon') 명명위원회의 마지막 회의에서 세 번째 발음을 만장일치로 찬성했다. 하지만 철자의 혼란을 막기 위해 nylon으로 수정되어 오늘날과 같은 나일론-nylon이 최종적인 이름으로 탄생되었다.

그런데 정작 나일론이란 이름이 탄생하자 더욱 재미있는 현상이 벌어졌다. 어떤 사람들은 제멋대로 나일론nylon이 당시 세계의 중심이던 두 도시의 이름, 즉, New York (NY)과 London을 합쳐 만든 합성어라고 하는 믿는 사람들도 있었다. 뿐만 아니라 Naylon이라는 이름을 가진 어떤 미국인은 자신의 아내가 운영하던 가게에서 나일론을 찾는 사람들이 자신의 이름을 함부로 부른다고 뒤퐁사에 "제품 이름을 바꾸라"고 항의 편지를 보내는 일도 벌어졌다.

이 같은 우여곡절 끝에 이름을 갖게 된 나일론은 섬유 시장뿐만 아니라 사람들의 생활 방식을 바꿀 만큼 세기적인 발명품이 되었다. 뒤퐁사가 처음 나일론 스타킹을 시장에 내놓았을 때 반응은 가히 폭발적이었다. 당시 시장에서는 다음과 같은 풍문이 떠돌았다.

1. 나일론 스타킹은 올이 풀리지 않는다.
2. 나일론 스타킹 두 짝은 직장생활을 하는 여성들이 신을 경우, 평균 일 년 정도 혹은 그 이상으로 수명이 길다.
3. 나일론 실은 면도칼이나 손톱깎이에도 영향 받지 않을 것이다.
4. 불붙은 담배로도 나일론 스타킹에 구멍을 뚫지 못할 것이다.
5. 나일론 스타킹이 기능을 상실하게 된다면, 여성은 이것을 아세틸렌 전등으로 쓸 것이다.

나일론을 넘어선 플라스틱 기술의 발전

나일론에 대한 믿음과 인기는 실로 대단했다. 바사르의 한 여성이 담배를 피우다 실수로 나일론에 불이 붙어 타 죽는 사건이 발생한 일도 있었을 정도이다.

오늘날에는 플라스틱의 기술도 많이 발전해서 나일론보다 훨씬 질기고 튼튼한 고분자들이 많이 등장하였다. 나일론은 좋은 성질들을 많이 가졌지만, 흡습성이 강해 비 오는 날엔 축축해지기 쉽고 순간의 충격에 잘 찢어지는 약점이 있다. 그러한 약점을 보완하고 비단이나 그 어떤 섬유 재료보다 더 강한 고분자를 개발하기 위해 많은 노력을 기울인 결과, 오늘날에는 이른바 엔지니어링 플라스틱 engineering plastics이라고 불리는 다수의 고기능성 고분자들이 개발되었다. 지하철 승강장이나 도로변 방음벽 혹은 스크린 도어 등에 사용되는 폴리카보네이트, 엔진 베어링 등에도 사용되는 폴리아세탈 등이 그런 종류에 포함된다.

현대의 산업 곳곳에 쓰이는 엔지니어링 플라스틱. 이 플라스틱 부품을 자동차에 쓸 경우, 차의 무게가 10% 가벼워져 평균 6% 정도 연비가 향상된다고 알려져 있다.

엔지니어링 플라스틱 (engineering plastic)
기존의 플라스틱보다 강도·탄성 외에 충격·마모·열·추위·약품·피로에 강하고 전기절연성이 뛰어난 플라스틱. 가정용품을 비롯하여 잡화·카메라·시계 부품에 이르기까지 거의 모든 산업 분야에 쓰인다. 엔지니어링 플라스틱은 분자량이 수십만에서 수백만에 이르는 고분자 물질이다. 고분자 물질이기 때문에 구조재로서는 적당한 강도·탄성·경도·신장·밀도·성형도를 얻을 수 있다.

폴리카보네이트(polycarbonate)
탄산염을 중합하여 만든 수지. 금속처럼 단단하고 투명하며 산과 열에 잘 견디기 때문에, 금속 대신 기계 부품·가정용품을 만드는 데 쓴다.

제2장

개성 넘치는 원소

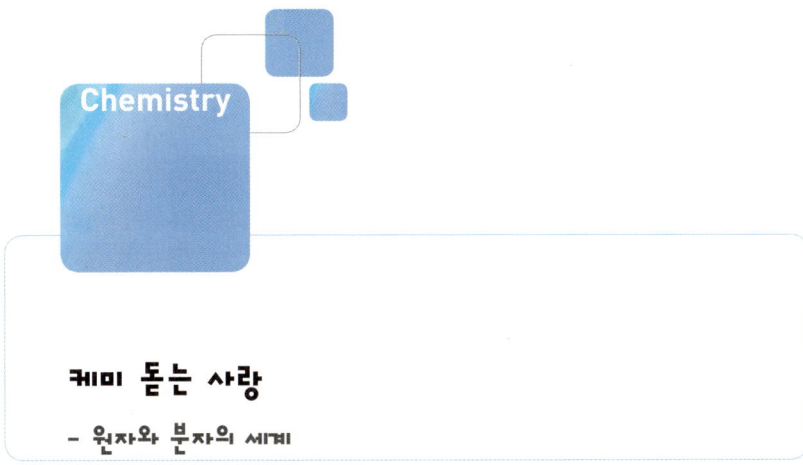

케미 돋는 사랑
- 원자와 분자의 세계

노중석

📖 원소, 분자, 화합물, 몰의 정의

사람이 태어나서 무덤에 이르는 날까지, 가장 소중하게 여기는 가치는 아마 사랑일 것이다. 젊은 날에는 쉽게 이성에게 끌리고 사랑에 빠지게 되는데 이처럼 청춘 남녀가 서로 강하게 이끌리는 현상을 인터넷에서는 '케미'라고 한다. 케미chemi는 케미컬(chemical, 화학)에서 나온 말이다. 남녀 사이의 열정적인 사랑을 격렬한 화학 반응에 빗대어 표현한 것이다.

우리는 흔히 화학을 딱딱하고 우리의 일상생활과는 동떨어진 학문으로 생각하기 쉽다. 하지만 실제로 화학은 우리 생활 속에 깊이 뿌리내리고 있다. 우리나라의 대표적인 식품인 김치의 발효도 화학 작용의 결과이고, 우리가 일상생활에서 사용하는 물건 대부분이 석유에서 화학적인 과정을 거쳐 생산된 것들이다. 그런 점에서 화학 없이 인간은 단 하루도 존재할 수 없다. 그럼 지금부터 사람이 살아가는 데 사랑이 꼭 필요하듯 우리 생활과 밀접한 화학에서 사용되는 기본 개념을 삶과 사랑의 비유를 통해서 알아보기로 하자.

사랑은 누군가에게 왠지 마음이 끌려 관심을 쏟게 되면서 시작된다. 누군가에게 관심을 갖게 되면 상대방의 말과 행동에 깊은 관심을 갖게 되고 관찰하게 된다. 이름, 사는 곳, 학교, 직업, 좋아하는 것 등등 상대방에 대해서 낱낱이 알고 싶어 한다. 화학적으로 말한다면 개인의 화학적 성분을 분석하는 셈이다. 비단 사랑에 빠진 사람만이 아니라 누군가를 이해하기 위해서도, 그 사람이 언제 태어났고 어떤 환경에서 자랐으

며 어떤 교육을 받았는지 등등 성장 배경을 궁금하게 여긴다. 사람을 이해하기 위해 우리가 노력을 기울이듯 동서고금을 막론하고 우리의 조상들은 자연 현상이나 물질들을 제대로 이해하기 위해서, 비슷한 노력을 기울여왔다.

원소로 이루어진 세상

그리스와 중국, 인도 등 문명이 시작된 나라의 사상가들은 '세상은 무엇으로 이루어졌는가?'라는 세상의 본질에 대해 탐구했다. 그들은 세상을 이루는 기본 요소를 찾기 위해 노력했고 그 결과 원소라는 개념을 발견했다. 〈나는 가수다〉라는 프로그램이 사람들의 주목을 끈 이유는 바로 가수의 본질은 외모가 아니라 노래에 있다는 사실을 일깨워주었기 때문일 것이다. 그만큼 사람이나 사물은 본질이 중요하다. 그래서 고대인들은 자연 현상(예를 들어, 물, 불, 바람, 흙 등)의 본질을 이해하기 위해 노력했고 그 결과 원소라는 개념을 알게 되었다. 수소, 산소, 탄소, 질소 등은 우리 인체를 구성하는 주요 원소이자 세상을 구성하고 있는 원소들이다.

원소는 물질의 본질적 특성을 유지하는 가장 기본적인 단위이다. 우주에는 엄청난 양의 물질이 존재하지만, 그 본질이 되는 원소는 지금까지 112종이 알려졌다. 세상에 아무리 복잡한 사물이나 현상도 단지 100여 개 원소들의 만남과 헤어짐 속에 나타나는 현상에 지나지 않는다. 인간의 사랑이 서로간의 끌림 현상에 의해 좌우되듯이, 결국 사물의 현상도 원소들의 끌림에 따라 좌우된다. 우리가 숨을 쉬며 살아갈 때, 가장

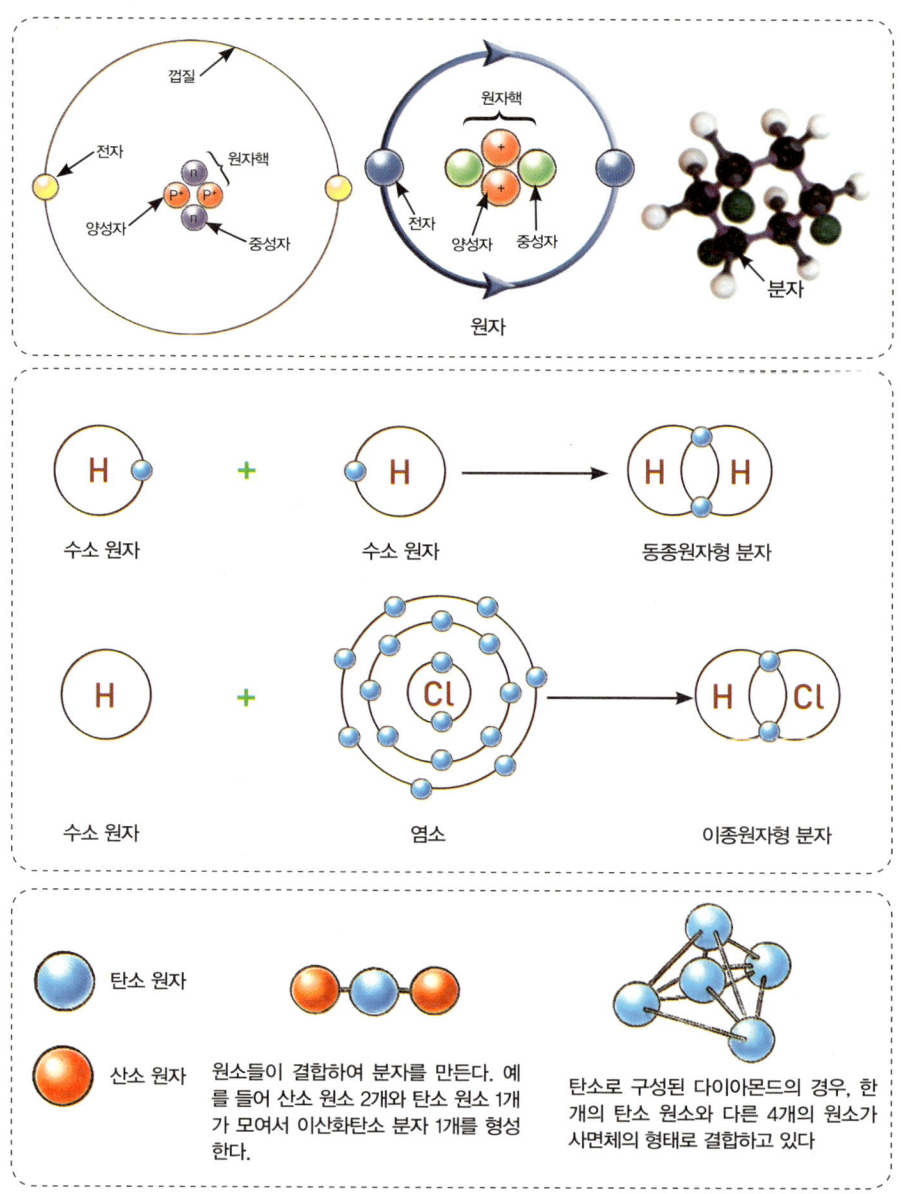

원자(원자핵+전자), 분자의 구조

소중한 역할을 하는 산소는 혼자 활약을 하는 것이고, 매일 마시는 물은 수소와 산소가 결합하여 이루어진 것이다. 원소 사이에 어떤 사랑의 힘이 작용하는지, 어떤 결합이 이루어지는지 등을 보다 깊이 이해하기 위해, 원자와 분자의 개념을 알아보도록 하자.

물질을 최소단위로 쪼갰을 때, 원소의 성질을 유지한 채 나누어지는 가장 작은 독립 단위가 **원자**이다. 두 개 이상의 원자가 결합하여 이루어진 것이 **분자**이고, 같은 종류의 원자들이 집단을 이루면 **원소**라고 부른다. 두 가지 이상 다른 종류의 원자들이 결합하여 만들어진 물질을 **화합물**이라고 한다. 인간이 태어나면서부터, 수많은 만남과 헤어짐을 반복하면서 성장 과정을 거치듯, 물질도 다른 원자를 만나고 헤어지면서 성장하고 다른 물질로 바뀌기도 한다. 인간들이 사랑을 나누면서 함께 먹는 음식, 몸에 걸치는 옷, 주고받는 선물 등의 물질들은 화학 작용이 바탕을 이루어 음식은 맛있게 되고, 옷은 우아한 색상을 띠게 되고, 선물 포장은 화려해지는 것이다. 다시 말해서 각종 화합물들의 화학 작용을 기반으로 우리 인간들은 사랑을 표현한다.

원소의 성질과 몰의 개념

사람을 판단할 때는 지위, 학벌, 경제력도 중요하지만 그보다 더욱 중요한 점이 사람 자체의 본성이다. 화학의 개념 중에서 이에 해당될 만한 것이 바로 **몰**mole의 개념이다. 사실, 원자와 분자들은 성질뿐만 아니라, 크기나 무게 등이 서로 다르다. 하지만, 각각의 원자나 분자들이 그

> **몰(mole)**
> 물질의 양을 나타내는 단위. 1몰은 분자, 원자, 이온, 전자 같은 동질 입자가 아보가드로수인 6.02×10^{23}인 물질의 집단이다.
>
> **아보가드로(Avogadro Amedeo, 1776~1856)**
> 화학자·물리학자. 이탈리아 출신으로 1811년에 '아보가드로의 법칙'을 발표하여, 처음으로 분자의 개념을 밝혔다.

본성을 대표하는 무게를 나타내기 위해서는 똑같은 숫자의 원자나 분자가 있어야 한다. 수소는 원소 중에서 원자량이 가장 작아서 원소 정렬의 기준이 된다. 수소 원자가 눈에 보이는 저울의 1g이 되기 위해서는 원자의 개수가 무려 6×10^{23}개가 필요한데, 이렇게 많은 숫자의 집단을 1몰이라고 정의한다. 산소 원자의 질량은 수소의 16배로서, 산소 원자가 1몰이면 수소보다 16배 무거운 16g이 된다. 그리고 기체는 1몰의 수소나 산소가 차지하는 부피는 22.4L로서 똑같다는 사실도 알게 되었다. 이탈리아의 아보가드로가 처음으로 발견했다고 해서, 1몰에 필요한 숫자인 6×10^{23}을 **아보가드로수**라고 한다. 아보가드로는 제각각인 원자들에게 평등성의 가치를 제시한 셈이다.

   사람이 무언가를 이루려면 먼저 자기 자신에 대한 자신감을 가져야 한다. 그리고 노력을 기울이는 것이다. 사랑에서도 케미 사랑이 되려면 겉으로 보기와는 다른 그 무엇이 있어야 한다. 눈에 보이지 않는 자기만의 특별한 매력을 갖추고 있어야 한다는 말이다. 세계적인 베스트셀러 작가인 말콤 글래드웰 Malcolm Gladwell에 따르면 사람들이 10,000시간의 노력을 기울이면 누구나 원하는 방면의 전문가가 될 수 있다고 한다. 우리가 특별한 전문성을 가지고 세상에 이름을 드러내기 위해서 최소한 10,000시간은 노력해야 하는 셈이다. 하루 열 시간씩 노력을 기울인다면 1,000일에 해당한다. 이를 화학적으로 말하면 삶의 1몰에 비유할 수 있을 것이다. 분자나 원자가 6×10^{23}만큼 모여야 질량을 나타낼 수 있듯이 우리도 최소한 3년 정도 노력하는 열정이 있다면 원하는 것을 이루게 될 것이다. 학교생활을 하면서 주어진 삶의 1몰을 어떻게 활용하느냐에 따라서 사회에 나갔을 때 더욱 탄탄하고 선망 받는 직업을 갖게 되고, 더욱 멋지고 능력 있는 배우자를 만나서 케미 사랑을 하게 될 것이다.

세상을 이루는 물질
- 원소 이름과 원소 기호의 유래

오명숙

📖 원자 번호, 원소 기호, 주기율

원소의 이름은 어떻게 지을까?

원소 기호 1번 H는 우리말로는 수소, 영어로는 hydrogen, 독어로는 wasserstoff라고 불린다. 수소 hydrogen의 hydro는 그리스어로 '물'을, genes는 '생성하다'라는 의미로 물을 생성하는 원소라는 뜻이다. 독일어의 wasser와 우리말 수소의 '수'도 한자 어원이 물水로 물과 관련이 있다. 원소 기호 16번 O는 영어로 산酸을 의미하는 그리스어 oxy와 생성하다는 의미의 gen이 합쳐져 oxygen이라 불리며 산을 형성하는 원소라는 뜻이다. 산소酸素도 같은 의미를 갖고 있다. 그렇다면 원소 기호와 이름은 어떻게 지어졌을까?

국제적으로 통용되는 원소 이름은 국제기구인 국제순수·응용화학연합International Union of Pure And Applied Chemistry: IUPAC에서 제정하고 있다. 새로운 원소를 발견한 연구진이 원소 이름을 제안할 권리를 갖지만 최종 결정은 국제순수·응용화학연합 총회에서 결정한다. 일반적으로 원소 이름은 -ium으로 끝나도록 짓는다. 예를 들면 최근에 결정된 **원자 번호** 111번과 112번의 경우 원자 번호 111번은 X-선을 발견한 뢴트겐의 이름을 따 뢴트게늄Roentgenium, Rg이라 지어졌고, 112번은 2009년 국제 천문학의 해를 기념하여 지동설로 유명한 코페르니쿠스의 이름대로 코페르니슘Copernicium, Cn으로 정해졌다.

지동설을 주장한 코페르니쿠스

우리나라와 같이 고유 언어와 문자를 갖고 있는 나라에서의 원소 이름은 각 국가가 자율적으로 결정하고 있다. 한국에서는 2005년 제정된 한국산업규격 KS M0131에 의한 원소 이름을 표준으로 하고 있다. 원소 이름은 한글 이름을 갖고 있는 19개 원소를 제외하고는 대체적으로 국제순수·응용화학연합이 정한 영어 이름을 국제 표기법과 외국어 표기법에 따른 이름을 표준으로 하고 있다. 고대부터 사용되면서 한글 이름을 갖고 있는 원소는 인(P), 황(S), 철(Fe), 구리(Cu), 아연(Zn), 비소(As), 은(Ag), 주석(Sn), 백금(Pt), 금(Au), 수은(Hg), 납(Pb)이며, 그 외 한글 어법에 맞는 이름을 갖고 있는 것은 수소(H), 붕소(B), 탄소(C), 질소(N), 산소(O), 규소(Si), 염소(Cl)이다. 일부 원소는 일상생활에서 흔히 쓰이는 한글 이름을 갖고 있으나 다른 이름이 표준 명칭으로 지정된 원소도 있다. 예를

비소
금속 광택이 나는 결정성 비금속 원소. 회색, 황색, 흑색 세 가지가 있다. 환원성이 강하고 불안정하여 빛이나 열을 받으면 잿빛으로 변한다. 자연에서는 황이나 금속과 결합한 상태로 존재하며, 화합물은 독성이 있다. 농약이나 의약의 원료로 쓴다. 원소 기호 As, 원자 번호 33.

안티모니
흰색의 광택이 나는 금속 원소. 주로 휘안석에서 산출하며, 잘 부스러진다. 활자 합금, 도금, 반도체 재료로 쓴다. 원소 기호는 Sb, 원자 번호는 51.

비활성 기체
주기율표의 18족을 이루는 6개의 원소. 헬륨(He)·네온(Ne)·아르곤(Ar)·크립톤(Kr)·크세논(Xe)·라돈(Rn) 등이 속한다. 보통 조건하에서 비활성 기체들은 무색·무취의 불연성이다.

들면 흔히 게르마늄이라고 불리는 Ge의 표준 용어는 저마늄이고, 불소라고 불리는 F는 플루오린, 요오드라고 불리는 I는 아이오딘이다.

원소 이름의 기원은 여러 가지가 있다. 금, 은, 동, 철, 납, 주석, 수은, 황, 탄소 등의 원소는 고대부터 불리던 이름에 화학적 구조가 발견되면서 원소 기호가 만들어졌고, 고대부터 18세기 초까지 연금술사들이 사용하던 원소는 비소(As), 안티모니(Sb), 인(P), 아연(Zn) 등이 있다. 18세기 후반부터 원소들이 본격적으로 발견되면서 그 원소의 색깔, 향, 성질 등에 의해 이름이 지어지기도 했고 신화에 나오는 인물 특히 그리스, 로마 신화의 신이나 행성의 이름을 따오기도 하였다. 금속 원소의 경우 유명한 과학자, 또는 국가, 지역, 도시 이름들이 사용되었다.

원소의 이름에 담긴 뜻을 알면 성질도 보인다

원소가 갖고 있는 성질 또는 색깔에서 비롯된 이름을 가진 원소들은 이름의 뜻을 알면 원소의 성질도 알 수 있다. 원자 번호 15번 인(燐, P)은 한자로 도깨비불이란 뜻이다. 인은 공기 중에서 쉽게 산화되어 어둠 속에서 빛을 내는 성질이 있기 때문이다. 영어로도 phosphorous라는 이름은 그리스어의 '빛을 내는 물질'이란 뜻이다. 망가니즈(25번, Mn)는 자성을 띠었다는 뜻의 라틴어 magnes에서 유래하였다. 안티모니(51번, Sb)는 여러 형태의 화합물로 발견되었기 때문에 혼자mono 존재하지 않는다anti는 뜻의 그리스어가 합해져 이름이 되었다. 이름과 전혀 상관없이 보이는 원소 기호 Sb는 눈썹과 속눈썹을 그리는 데 사용되어 '표시한다'는 뜻의 그리스어 stibi에서 유래했다. 그런가 하면 주기율표에서 18족에 속하는 비활성 기체 아르곤(18번, Ar)은 '게으른, 활동이 없는'이라는 뜻의 argos에서 나왔다. 희귀 원소의 이름은 회수하기 어려운 성질을 나타내는 이름이 많다. 디스프로슘(66번, Dy)은 '얻기 힘든'이란 뜻의 그리스어에서, 크립톤(36번, kr)과 란타넘(57번, La)은 '숨어 있는', 혹은 '숨겨진'이란 뜻의 그리스어에서 유래하였다.

원소가 갖고 있는 색깔 때문에 지어진 이름도 많다. 보론(5번, B)는 아랍어로 흰색buraq, 세슘(55번, Cs)은 라틴어로 하늘색caesium, 비스무트(94번, Bi)는 독일어로 흰 물체weisse masse라는 뜻이다. 연녹색 혹은 황록색의 염소(17번, Cl)는 그리스어의 같은 의미인 chlooros에서, 화합물이 다양한 색을 내는 크로뮴(24번, Cr)은 그리스어로 색깔인 chroma에서 유래했다. 아이오딘(53번, I)은 그리스어로 보라색을 가진 물질ioeides이라는 뜻이고, 로듐(45번, Rh)은 그리스어로 장미rhodon라는 뜻인데 이는 용해되었을 때 장밋빛을 띠기 때문이다. 이리듐(77번, Ir)은 알고 보면 가장 아름다운 이름을 가지고 있는데 용액이 여러 색깔을 내기 때문에 그리스 신화의 무지개 여신, 아이리스의 이름을 딴 원소이다. 반면 인듐(49번, In)은 원소의 스펙트럼이 갖는 색이 남색indigo-Blue을 갖는 데서 유래되었다.

좋은 향기보다는 악취에서 붙여진 이름도 있다. 브로민(35번, Br)은 그리스어로 악취bromo에서 생긴 이름이고, 오스뮴(76번, Os)은 휘발성 산화물의 자극성 냄새 때문에 그리스어로 냄새osme라는 뜻이다.

다른 원소와 유사한 성질을 있어서 그와 연관된 이름이 붙여진 경우도 있다. 네오디뮴(60번, Nd)은 란타넘과 유사한 성질을 갖고 있어 새로운(네오) 쌍둥이(디뮴)로 불렸다. 반면 다른 원소 때문에, 혹은 기대한 성질을 갖고 있지 않아서 생긴 이름도 있다. 코발트(27번, Co)는 독일어로 악령kobold라는 뜻인데 광석이 인체에 해로운 비소를 포함하기 때문이다. 반면 니켈(28번, Ni)은 독일어로 '악마의 구리'라는 뜻의 kupfernickel에서 유래했는데 이는 니켈 광석이 구리와 비슷한데 구리가 전혀 포함되어 있지 않았기 때문이다.

유명 과학자의 이름을 딴 원소들

원소 기호에 이름을 남긴 아인슈타인, 마리 퀴리

원소 기호에서 유명한 과학자들을 찾아보자. 쉽게 찾을 수 있는 과학자는 퀴륨(96번, Cm)은 피에르와 마리 퀴리Pierre Curie, Marie Qurie 부부 과학자, 아인슈타이늄(99번, Es)은 물리학자 알버트 아인슈타인, 보륨(107번, Bh)은 물리학자 닐스 보어Niels Bohr, 그리고 노벨륨(102번, No)은 다이너마이트의 발명자이자 노벨상의 창시자인 알프레드 노벨Alfred Nobel이다. 그 외에도 페르뮴(100번, Fm)은 이탈리아의 물리학자 엔리코 페르미Enrico Fermi, 멘델레븀(101번, Md)은 주기율표를 만든 러시아의 화학자 드미트리 멘델레예프Dmitri Mendeleev, 로렌슘(103번, Lr)은 미국의 물리학자 어니스트 로렌스Ernest Lawrence, 러더퍼듐(104번, Rf)은 영국의 물리학자 어니스트 러더퍼드Ernest Rurherford Ruther, 시보귬(106번, Sg)은 미국의 화학자 글렌 시보그Glenn Seaborg, 그리고 마이트너륨(109번, Mt)는 오스트리아의 물리학자 리제 마이트너Lise Meitner의 업적을 기념하여 명명되었다. 이들 과학자 중에서도 아인슈타인과 시보그는 살아 있는 동안 자신의 이름을 딴 원소가 제정되는 영광을 누렸다.

신화에서 유래된 원소

그리스 신화에 나오는 신족인 타이탄의 이름을 딴 타이타늄(22번, Ti)을 시작으로 나이오븀(41번, Nb)과 탄탈럼(73번, Ta)은 그리스 신화의 비극적 결말의 주인공이자 부녀지간인 니오베와 탄탈루스에서 유래하였고, 프로메튬(61번, Pm)은 신들에게서 불을 훔쳐다 인간에게 준 프로메테우스에서 유래되었다. 텔루륨(52번, Te)은 대지의 여신

> **토르**
> 고대 게르만족 신화의 천둥 신. 거인족과 맞서 싸웠으며, 뱀의 모습을 한 괴물과 싸우다 죽었다.

텔루스에서, 30여 년 후에 발견된 셀레늄(34번, Se)은 그리스 신화의 달의 여신인 셀레네의 이름을 땄다. 영화로도 만들어진 천둥의 신 토르Thor는 스칸디나비아 지역의 신이며 토륨(90번, Th)의 배경이다.

본래 그리스, 로마 신화의 인물에서 따온 행성의 이름이 다시 원소 이

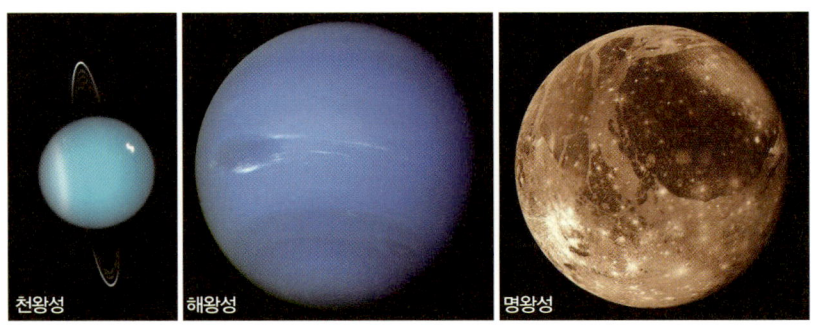

태양계 행성에서 유래한, 천왕성, 해왕성, 명왕성(명왕성은 2006년 행성의 자격을 박탈당했다.)

름이 된 경우도 많다. 중금속 중 하나인 수은(80번, Hg)은 태양계 수성과 로마 신화의 머큐리에서, 우라늄(92번, U), 넵투늄(93번, Np), 플루토늄(94번, Pu)은 태양계 행성 천왕성 Uranus, 해왕성 Neptune, 명왕성 Pluto이자, 로마 신화에서 나온 이름들이다. 팔라듐(46번, Pd)은 태양계에서 두 번째로 큰 소행성이자, 그리스 신화의 지혜와 예술의 여신의 팔라스에서 유래했다. 또한 신화의 배경은 갖지 않았지만 그리스어로 태양을 의미하는 helio에서 나온 헬륨(2번, He)이 있다.

유럽과 미국 지도가 보인다

19세기 말부터 20세기 초반에 발견되어 이름이 붙은 원소 중에는 유럽의 국가나 지명을 딴 이름들이 많다. 그러나 20세기 후반으로 가면서 미국의 지명이 등장한다. 먼저 국가 이름을 딴 원소를 찾아보자. 우리에게 익숙한 국가들의 영어 이름을 생각하면서 주기율표를 살펴보면 국가 이름을 딴 원소를 4개 찾을 수 있다. 번호순으로 저마늄(32번, Ge), 프랑슘(87번, Fr), 폴로늄(84번, Po), 아메리슘(95번, Am)이다. 또한 원소 기호에서 상상력을 발휘하여 어원을 찾아보면, 루테늄(44번, Ru)은 러시아의 옛 라틴어 이름인 루테니아ruthenia에서 유래한 것을 알 수 있다. 루테늄 이외에도 라틴어 국가 이름에서 온 원소는 라틴어로 프랑스를 의미하는 갈리아gallia에서 온 갈륨(31번, Gg)도 있다.

지역이나 도시의 이름을 딴 원소도 있다. 가장 쉽게 알아볼 수 있는 원소는 유럽 대륙을 나타내는 유로퓸(63번, Eu)이다. 레늄(75번, Re)은 독일 라인 강의 이름을 딴 원소이다. 라틴어 이름이기 때문에 쉽게 알아볼 수는 없지만 도시 이름을 딴 원소에는 코펜하겐의 라틴어 이름 하프니아Hafnia에서 유래된 하프늄(72번, Hf), 스톡홀름의 라틴어 이름 holmia에서 온 홀뮴(67번, Ho), 그리고 파리의 옛 라틴어 이름 루테티아lutetia에서 유래된 루테튬(71번, Lu)이 있다.

원소가 처음 발견된 지역이나, 주요 생산지의 이름에서 유래한 원소도 있다. 구리(29번, Cu)는 로마인이 처음으로 구리를 얻을 수 있었던 Cuprum 섬(현 그리스의 Cyprus 섬), 마그네슘(12번, Mg)은 그리스 북부 지방인 마그네시아Magnesia에서 생산되었다. 스웨덴의 이터비Ytterby에서 발견된 네 원소는 지역 이름의 전체 혹은 일부를 따서 각 이트륨(39, Y), 터븀(65번, Tb), 어븀(68번, Er), 이터븀(70번, Yb)으로 불린다. 스칸듐(21번, Sc)도 광석이 발견된 스칸디나비아의 이름을 따서 지어졌다.

1940년대 이후 **입자가속기**를 이용한 원자핵 충돌 실험을 통해 인공적으로 합성된 인공 원소(원자 번호 95번 이후)에는 경쟁적으로 연구소가 소

> **입자가속기**
> 전자나 양성자처럼 전기를 띠는 입자나·원자·분자 이온에 높은 에너지를 주어 큰 운동 에너지를 갖게 하는 장치.
>
> **중원소**
> 질량이 80 이상인 원소. 악티늄·라듐·톨륨·우라늄 등이 여기에 속한다. 일정한 조건에서 핵이 쉽게 분열된다.

재한 지역의 이름을 붙여왔다. 미국 캘리포니아 주 버클리대학교에 위치한 로렌스 버클리 연구소Lawrence Berkeley Laboratory에서 합성된 **중원소** 중에는 아메리슘(95번, Am), 버클륨(97번, Bk), 캘리포늄(98번, Cf), 연구소 이름이자 미국 화학자인 어니스트 로렌스에서 유래된 로렌슘(103번, Lr)도 있다. 미국뿐만 아니라 유럽에서도 독일의 중이온연구센터(GSI)가 있는 다름슈타트Darmstadt의 이름을 딴 다름슈타튬(110번, Ds)과 다름슈타트가 위치한 헤세Hesse 주의 라틴 이름에서 온 하슘(108번, Hs)이 있다.

오늘날에도 중원소 합성을 위한 노력이 계속되고 있다. 국내에서도 **중이온가속기**를 이용해 코리아늄(Ko)을 합성하려는 노력이 진행되고 있다. 주기율표에서 원소 Ko을 볼 날을 기대해보자.

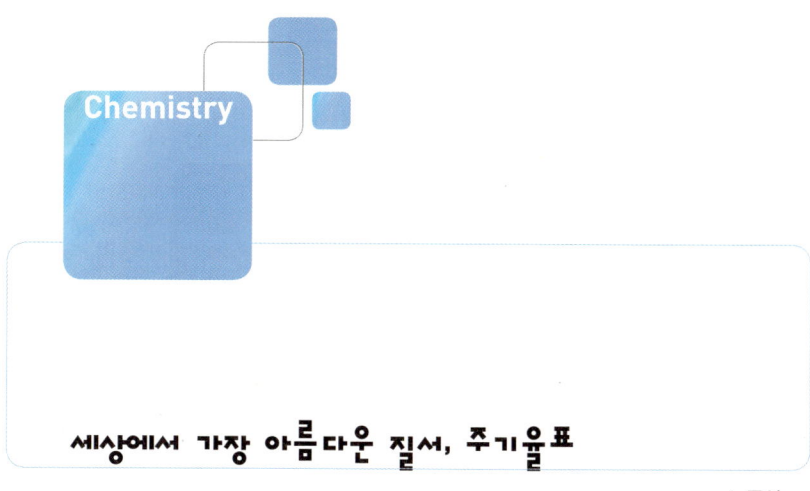

세상에서 가장 아름다운 질서, 주기율표

노중석

📖 원자, 원자량, 주기율

『연금술사』는 파울로 코엘료라는 작가가 쓴 소설로 그는 이 작품으로 큰 명성을 얻었다. 쇠를 금으로 만드는 비법을 **연금술**이라 한다. **만유인력**의 법칙으로 유명한 과학자 뉴턴도 한평생 연금술을 탐구했다. 그런데 연금술은 실제로는 실현 불가능하다. 하지만 삶의 진정한 보물을 찾아내는 영혼의 연금술은 인간의 상상력을 통해『연금술사』같은 문학작품의 배경이 되었다. 현실 세계에서는 가능한 일과 불가능한 일이 있다. 옛날 사람들은 꿈도 꾸지 못한 달나라에 가는 것은 가능하지만 연금술은 아무리 노력해도 불가능하다. 왜 그런 것일까? 그리고 어떻게 하면 불가능한 일이 가능하게 될까?

사람들은 항상 무엇인가를 추구한다

사람들은 부자가 되기 위해서든, 예술가가 되기 위해서든, 학자가 되기 위해서든, 그 어떤 목적에서든, 무엇인가를 추구한다. 인간은 개인적인 목표를 추구하기도 하지만 고대 그리스의 탈레스 같은 철학자들은 세상의 본질을 탐구했고 지구, 달, 별, 사계절의 질서를 추구하기도 했다. 그들은 세상의 '질서' 또는 '법칙'에 대해 탐구했다. 인간은 살아가는 동안 우리를 둘러싸고 있는 사회나 자연 현상에 대한 질서를 깨닫고 법칙을 체험하게 된다. 학생이 공부하는 것도 세상과 자신에 대해 알아가는 과정이라고 말할 수 있을 것이다.

지구상에는 산과 바다, 사막 같은 자연 환경과 함께 약 60억 명의 사람이 살아간다. 그렇다면 이 지구의 산과 바다, 동물과 식물 그리고 사람을 이루고 있는 물질은 과연 무엇일까? 과학자들이 탐구한 결과 이 지구상에는 92가지의 원소가 존재하는데(오늘날까지 밝혀진 원소는 총 112가지이지만 그중 20가지는 과학자들이 입자가속기를 이용해 실험실에서 만들어 낸 인공 원소들이다) 그것들이 서로 어우러져 동식물을 비롯한 지구상의 모든 물질을 이루고 있다. 이 100여 개의 원소들은 성질이 제각각이다. 하지만 과학자들은 원소들 간에도 어떤 질서가 있지 않을까 궁금증을 가지고 있었다. 결국 연금술과 같은 무모한 실험과 도전을 통하여 인간은 자연의 법칙을 하나하나 발견하게 되었고, 우주를 구성하고 있는 100여 가지의 원소들에 대한 질서도 깨닫게 되었다. 그중의 백미는 **주기율표**이다.

지구상에 존재하는 인간의 성격이나 모습은 제각각이지만, 성향이나 성격 등을 가늠하게 해주는 지표들이 있다. 과학적으로 꼭 들어맞는 것은 아니지만, 사람들의 기본 성향을 혈액형이나 관상 등으로 구분하기도 한다. 동양의 사주나 서양의 별자리로 사람의 운명을 가늠하는 것도 인간에 대한 궁금증을 해결하려는 노력의 결과였다. 사람은 별자리나 혈액형으로 개인의 특징이나 성향을 명확히 알 수는 없지만 다행히, 주기율표는 각 원소들의 행동에서 주기적으로 재현되는 화학적 현상을 정확히 예측하게 했다.

원소의 질서를 찾아낸 멘델레예프의 주기율표

알고 보면 단순한 사실도 처음에는 잘 알아내지 못한다는 의미의 **콜럼버스의 달걀**이라는 말이 있듯이 주기율표의 발견도 그런 경우였다. 주기율표는 발견 후 시간이 지나면서 너무도 질서정연한 모습에 감탄하게 되었지만 처음에는 그야말로 오리무중이었다. 화학의 마법 같은 기본 규칙인 주기율표를 창시해낸 멘델레예프는 그야말로 천재였다.

주기율표를 발견한 멘델레예프

멘델레예프는 우선 세상에 존재하는 원소들 사이에는 어떤 질서가 있으리라 믿었다. 그리고 그때까지 알려진 원소의 성질을 감안하여, 원소들의 특성이 어떤 주기를 가지고 나타나는 것이 아닐까 추측했

멘델레예프
(Mendeleev, Dmitri, 1834~1907)
러시아의 화학자. 원소 주기율 이론을 발표하고, 그 당시에는 발견되지 않았던 칼륨, 스칸듐 같은 원소의 존재와 성질을 예측했다. 저서 『화학의 원리』를 남겼다.

다. 멘델레예프가 살았던 시대에는 원소들 간의 질서를 가르는 기준은 원소 각각의 무게였다. 그리고 수소가 반드시 주기율표의 첫 주자라고 생각하지도 못했다. 멘델레예프의 주기율표는 획기적인 발견이었지만, 나중에 몇몇 원소들의 성질이 **원자량**을 기준으로 할 때 **주기성**을 벗어나는 문제점이 있었다. 하지만 멘델레예프는 과학적인 근거를 밝힐 수 있을 만한 지식이 제대로 갖춰지지 않은 상황에서, 오로지 질서에 대한 신념으로 몇 가지 원소들이 나타내는 특징을 통해서 여러 가설을 끈질기게 검증한 결과 주기율표를 만들게 된 것이다.

세월이 흐르면서, 영국의 모슬리 Henry Moseley 등 많은 물리학자와 천문학자들은 원소의 질서는 원자량이 아니라 **원자핵** 주위를 도는 전하수와 관계가 있다는 사실을 알게 되었다. 멘델레예프 당시에는 전자의 존재도 알려지지 않았다. 과학자들은 원자핵의 양전하를 결정하는 방법을 토대로 원소들의 원자 번호를 결정하게 되었고, 이러한 원자 번호가 주기율표의 수수께끼를 푸는 데 기여하게 되었다. 따지고 보면, 수소나 헬륨 등 각각의 원소의 존재를 발견하는 일 자체가 매우 어렵고 힘든 일이다. 수소의 발견이 이루어지지 않았다면, 주기율표는커녕 다른 원소의 발견도 쉽게 이루어지지 않았을 것이다. 현대 주기율표의 완성은 모슬리의 X선 실험으로 원자 번호를 결정짓는 **양성자수**의 발견에 크게 힘입었다.

하지만 원소들 간의 주기적인 성질을 처음으로 규명해낸 멘델레예프의 주기율표 창시는 더욱 지대한 공헌이라 할 수 있다. 멘델레예프가 이미 알려져 있는 원소들만으로 주기율표를 작성할 때 채우지 못한 빈자

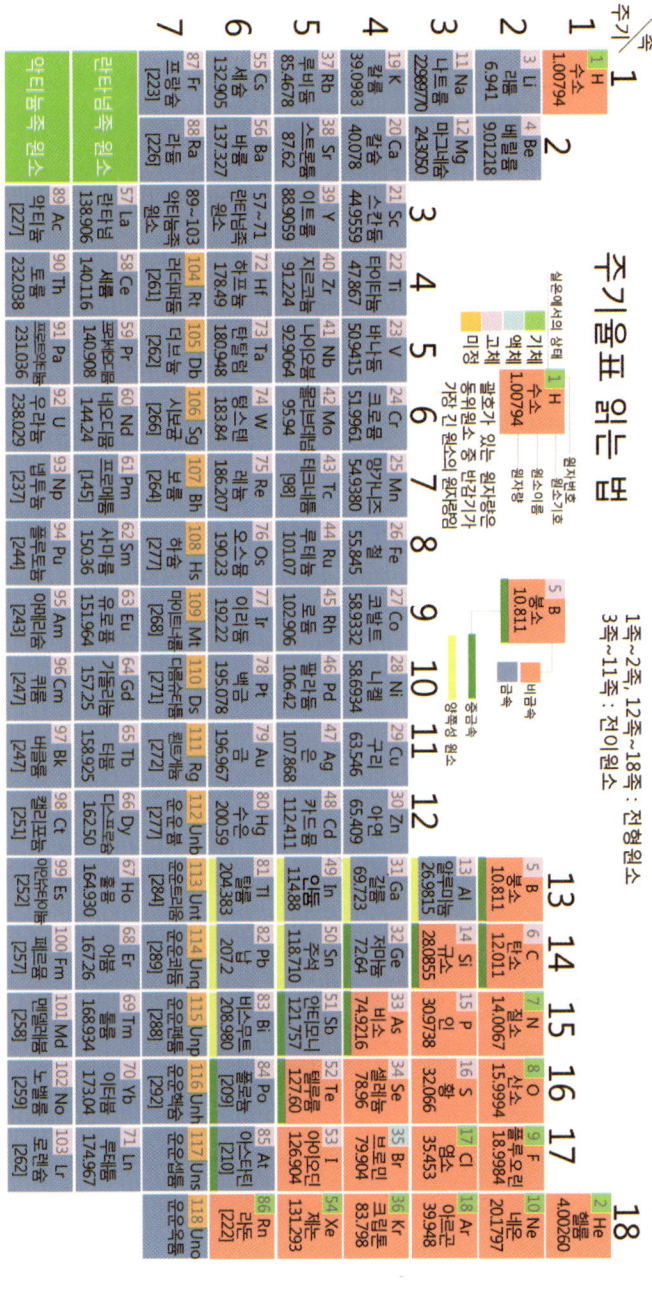

리가 있었다. 그러나 그는 그 자리에 있어야 할 원소들의 존재를 예측했고 결국은 그림같이 맞아떨어졌다.

주기율표의 위력은 원소들 간의 상호작용을 예측할 수 있다는 점이다. 그 상호작용의 핵심은 원자의 바깥을 구성하는 **전자**들 간의 상호작용이었고, 세상에 존재하는 여러 물질들이 생성되는 원리를 이해하고 재현하는 과학적 기반을 제공했다. 주기율표는 **금속**과 **비금속**의 차이점과 그들의 결합을 이해하고, 나아가서 자연에서는 볼 수 없는 새로운 물질도 만들어낼 수 있는 단초도 제공한다. 예를 들면, 청동기는 자연에서는 볼 수 없는 인공적인 산물이다. 물론, 청동기의 합금은 지금과 같은 과학적 지식 없이 다분히 경험적으로 만든 것이긴 하지만, 많은 의약품이나 신물질의 발명은 원소들 간의 작용을 응용하는 데서 비롯된 것이다.

주기율표는 7개의 가로줄과(이중 일부를 떼어 2개의 가로줄을 추가함) 18개의 세로줄로 구성되었는데, 가로줄을 **주기**, 세로줄은 **족**이라고 한다. 같은 가로줄은 원자들의 전자껍질 수 혹은 전자배치에서 **주양자수**가 같고, 같은 세로줄은 최외각껍질의 원자의 전자 수가 같은데 이를 **동족원소**라고 한다. 원자의 화학적 성질은 바로 **원자가전자**와 밀접한 관련이 있다. 각 원자들은 주기율표의 18족(헬륨, 네온, 아르곤 등)과 같이 가장 바깥 전자껍질이 꽉 차게 되어 안정화를 이루는 8개의 전자를 가지려는 경향이 있다. 이것을 **옥텟 규칙**이라고 한다. 18족이 아닌 원자들은 안정적인 구조를 갖

> **주양자수(主量子數)**
> 원자 내 전자의 궤도를 지정하고, 원자의 에너지값을 대략 결정하는 양자수. 보통 n으로 표시한다.
>
> **원자가전자(原子價電子)**
> 원자의 가장 바깥쪽 궤도를 도는 전자. 화학 결합에 관여하고 원자가와 같은 화학적 성질과 반응을 결정한다.

기 위해, 바깥 전자가 8개보다 부족하면 채우려 하고, 남으면 내보내려는 경향이 있다. 화학 결합물은 그런 규칙을 바탕으로 이루어지는 것이다. 남은 것은 내주고, 빈자리는 채우려고 하는 인간의 습성은 원자의 세계와 마찬가지인 셈이다.

  사람이 살면서, 가장 궁금해 하는 것은 미래의 모습이다. 미래가 어떻게 펼쳐질지에 대한 호기심이 과학의 발전을 가져왔다. 해와 달, 별들의 운행을 관찰하면서 인류는 기후에 대한 변화를 예측했고, 농사에도 큰 도움을 받았다. 인간이 동물과 다른 점은 많지만 바로 미래를 예측하고 대비하는 능력에서 동물과 큰 차이가 있다. 인간의 생각하는 힘에서 비롯된 미래를 예측하는 힘은 인간에게는 커다란 축복이다. 주기율표를 통해 복잡한 세상도 100여 가지 원소들의 조화로 이루어지고, 원자들 간에는 주기적인 질서를 갖추고 있다는 점을 알 수 있듯이 인간의 삶에서도 보이지 않는 질서가 있지 않을까? 실패는 성공의 디딤돌이 되고 성공은 실패로 빠질 수 있는 함정이 되기도 한다. 미래를 생각하면서 오늘의 현실을 새로운 시각으로 해석하여 무엇인가 새로운 질서를 밝혀내는 일은 인생의 보람이 될 것이다.

  멘델레예프는 주기율표라는 도식으로 당시의 태부족한 과학적 정보들 속에서도 세상을 밝혀주는 규칙을 찾아냈다. 세상의 아름다움은 질서에 있다.

산업의 비타민, 희토류 원소

오명숙

📖 희유금속, 금속광물, 촉매, 자기 특성

희유금속과 희토류 원소

희유금속은 지각 내에 천연 상태에서 매장량이 적거나 매장 지역이 치우쳐 있어 금속을 확보하거나 추출이 어려운 금속광물 자원과 순수한 금속으로 분리가 어려운 금속광물군을 총칭한다. 우리나라는 희토류 17개 원소, 백금족 6개 원소, 리튬(Li), 코발트(Co), 니켈(Ni) 등을 포함하는 총 56개의 원소를 희유금속으로 분류하고 있다. 희유금속 중 최근 관심을 많이 받고 있는 그룹은 **희토류 원소**이다. 희토류의 모든 원소가 금속이기 때문에 희토류 금속으로도 불리고 간단하게 희토류라고 부른다. 희토류는 **란탄족**의 15개 원소에 이트륨(Y)과 스칸듐(Sc)이 추가된 17개 원소를 일컫는다.

희토류는 지각 내에 300ppm 미만이 함유될 정도로 희귀하다. 그러나 위의 정의에서 볼 수 있듯이 희토류가 꼭 희귀해서만 희토류로 정의된 것은 아닙니다. 실제로 가장 매장량이 적은 희토류인 툴륨(Tm)과 루테튬(Lu)은 금의 200배나 매장되어

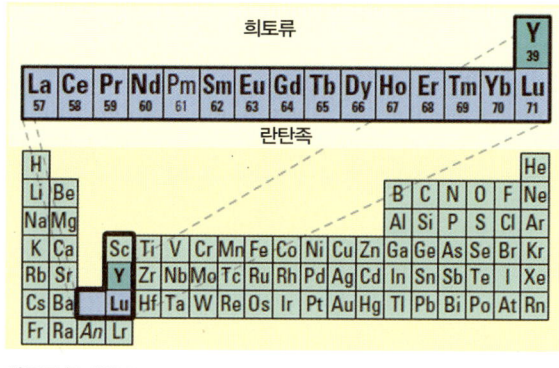

희토류 주기율표

있다. 그리고 세륨(Ce), 이트륨(Y), 란타넘(La), 네오디뮴(Nd)의 매장량은 크로뮴(Cr), 니켈(Ni), 아연(Zn), 몰리브데넘(Mo), 주석(Sn), 텅스텐(W), 납(Pb) 등의 매장량과 유사하다. 그러나 희토류는 낮은 농도로 존재해 쉽게 얻을 수 없다.

란탄족
6주기 원소 중에서 58번 세륨부터 71번 루테튬까지 14원소의 총칭으로, 57번인 란탄을 닮은 원소를 의미한다. 란탄을 포함한 15원소의 의미로 사용한다.

ppm
미량 함유 물질의 농도 단위 중에서 가장 널리 사용되며 중량 100만분율로 나타내는 기호.

현대의 정보 산업에서 빼놓을 수 없는 원소, 희토류

희토류는 독특한 금속학적, 화학적, 전기적, 자기적, 광학적 성질 때문에 다양한 분야에서 사용되고 있다. 간단하게는 라이터돌과 유리 연마제로 쓰이는 동시에 최첨단 과학 분야인 디스플레이, 레이저, 영구자석, 이차전지, 자기 냉장 기술 등에 쓰이며 또한 고온 **초전도체**, 수소 저장과 수송매체로도 검토되고 있다. 유로퓸(Eu)은 액정 등의 디스플레

이차전지
화학 에너지가 전기 에너지로 변환되는 방전과 역방향인 충전 과정을 통해 반복적으로 사용 가능한 전지이다. 리튬이온전지, 니켈수소전지, 리튬이온폴리머전지, 니켈카드뮴전지 등이 있다.

초전도체
매우 낮은 온도에서 전기 저항이 0이 되는 물질. 초전도성의 발견은 인류 역사에서 바퀴의 발명에 버금가는 중요한 사건이다. 1911년, 네덜란드의 물리학자인 오네스가 액체 헬륨(4.2K)에서 수은의 전기 저항이 갑자기 0이 되는 초전도 현상을 발견했다. 초전도체는 자기부상열차 · 입자가속기 · 자기 공명 영상 장치 · 전자 소자 등에 이용된다.

희토류를 사용한 각종 전화기

이에서 붉은색을 내는 소재이다. 광섬유 케이블에는 어븀(Er)이 도핑되어 있으며, 레이저 중계기에도 사용된다. 희토류 중 가장 매장량이 많은 세륨(Ce)의 산화물인 산화세륨(CeO)은 렌즈 등의 정밀 연마제로 쓰이고, 네오디뮴(Nd), 사마륨(Sm), 가돌리늄(Gd), 디스프로슘(Dy), 프라세오디뮴(Pr) 등을 포함하는 합금은 자성 재료 기술에 대변혁을 일으켰다. 고기능 희토류 자성 재료는 컴퓨터, 오디오, 비디오, 태블릿 PC와 스마트폰 등 이동통신 기기가 소형화하는 데 큰 역할을 했다.

희토류는 전자 산업뿐만 아니라 합금, **화학 촉매**, 정유 산업, 자석, 조명 산업에도 널리 쓰이고 있다. 또한 정유 산업 촉매의 주요 성분이며, 자동차의 환경 촉매로도 쓰인다. 조명 분야에서는 이트륨(Y), 란타넘(La), 세륨(Ce), 유로퓸(Eu), 가돌리늄(Gd), 터븀(Tb) 등을 사용하는 형광램프는 절전용 전구로 각광받고 있다.

기후 변화와 석유고갈에 의한 신재생 에너지에 대한 수요 증가도 희토류의 수요 급증에 기여하고 있다. 희토류 자석은 풍력발전 터빈에 쓰이는 데 특히 일부 대형 터빈은 2톤이 넘는 희토류 자석이 필요하다. 또한 희토류는 하이브리드 자동차 및 전기 자동차에도 쓰이고 있다. 전기 자동차 모터에는 네오디뮴(Nd)과 디스프로슘(Dy)이 쓰인다. 전기 자동차에 필수적인 이차전지에도 희토류가 많이 쓰이고 있다. 특히 La-Ni-H 전지는 높은 에너지 밀도와 향상된 **충방전 특성**으로 Ni-Cd 전지를 점차적으로 대체하고 있다.

희토류의 **자기 특성**을 이용한 자기 냉동 기술은 기체 압축에 의한 냉동 기술을 대체할 수 있는 차세대 에너지 절약 냉동 기술로 각광받고 있다. 이 기술에는 가돌리늄(Gd)부터 툴륨(Tm)까지 4개 희토류 금속이 쓰이며, 특히 가돌리늄(Gd)과 가돌리늄 합금은 현재 사용되는 최고의 상온용 자기 냉장 소재이다.

희토류는 국방 산업에서도 중요한 역할을 한다. 야간 식별이 가능한 안경, 정밀무기 등에 희토류가 쓰이고, 장갑차와 수천 개 조각으로 부서지는 발사체도 희토류를 사용하고 있다. 그 외에도 수술용 레이저, 자기 공명 영상 장치(MRI) 등의 의료 기기에도 사용되고 있다.

희토류 생산 공정

희토류는 주로 **모나자이트**monazite라는 인산염 광물과 바스트네사이트bastnasite라는 플루오르-탄산염 광물에 포함되어 있다. 다음 그림에서 보듯이 희토류는 크게 선광, 침출, 분리정제 공정을 거쳐 99.5% 이상의 순도로 생산된다. 선광 과정에서는 광석은 분쇄, 분말화된 후 부유, 중력, 자기분리 등 화학적, 물리적 방법에 의해 분리되어 원재료보다 농도

> **모나자이트(monazite)**
> 세륨, 토륨, 지르코늄, 이트륨을 포함한 인산염 광물. 누런색·갈색·붉은색을 띤다. 희토류 원소의 중요한 원료인 모나자이트는 보통 10~12%의 이산화토륨(ThO_2)을 함유하고 있어 토륨의 중요한 원료가 된다. 브라질·노르웨이·마다가스카르·스리랑카·인도·노스캐롤라이나에서 채광된다.

가 5배 이상 높은 광석으로 분리된다. 다음 침출 과정에서는 탄산나트륨과 함께 열처리된 광석을 질산으로 처리하여 희토류 및 중금속을 용해시킨 후 부틸인산염으로 추출한 후 불순물을 제거한 희토류 질산염 형태로 정제 공정으로 보낸다. 분해, 침출 과정에서는 황산과 염산이 쓰이기도 한다. 또한 이 과정에서 많은 폐수, 폐산 및 고체 폐기물이 생성된다.

전통적으로 쓰이는 희토류 분리를 위해 분별결정법, 분별침전법, 선택적 산화, 환원법 등이 쓰였고 최근에는 용매추출법과 이온교환법이 많이 쓰인다. 희토류 분리 정제 공정의 예를 카자흐스탄의 카슈카 Kashka

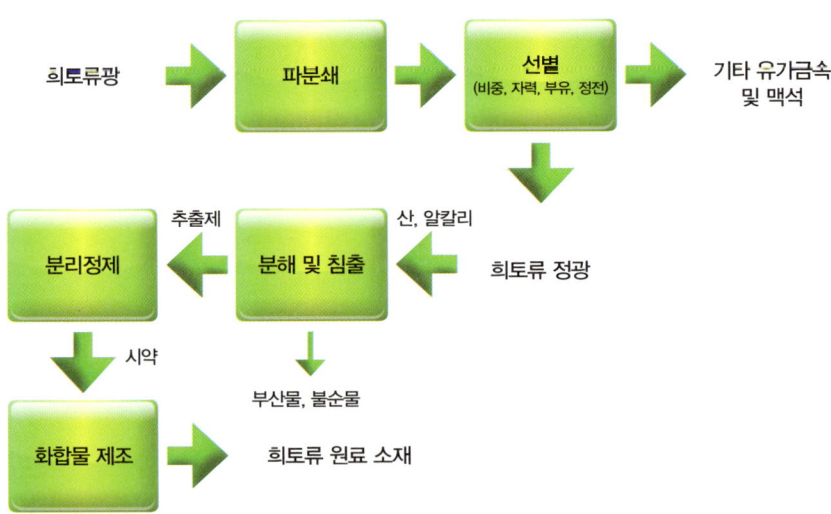

희토류 금속 생산 공정

희토류 공장의 정제 공정으로 살펴보면, 연속추출 공정에 의해 무게에 따라 가벼운 희토류, 중간 희토류, 무거운 희토류와 이트륨질산염이 분리된다.

산화이트륨은 이트륨질산염에서 생산된다. 가벼운 희토류는 추출 공정을 통해 산화란타넘(La_2O_3), 산화세슘(Cs_2O_3), 산화네오디뮴(Nd_2O_3), 중간 희토류에서는 이온교환법에 의해 산화사마륨(Sm_2O_3), 산화가돌리늄(Gd_2O_3), 산화터븀(Tb_2O_3), 산화디스프로슘(Dy_2O_3), 산화홀뮴(Ho_2O_3), 산화어븀(Er_2O_3)이 생산되고, 무거운 희토류에서는 산화툴륨(Tm_2O_3), 산화이터븀(Yb_2O_3), 산화루테튬(Lu_2O_3)이 생산된다. 산화물에 비해 값이 비싼 희토류 금속은 시장수요에 따라 산화물을 고온금속환원법으로 환원하여 생산한다.

희토류 광석(위)과 추출된 희토류(아래). 광석에서 다른 성분을 빼면 희토류는 1%도 안 된다.

이와 같이 희토류는 경제적으로 추출이 가능할 정도의 농도로 매장되어 있는 경우가 거의 없기 때문에 회수 공정이 매우 복잡하고 많은 비용이 든다. 또한 희토류 생산 공정은 적은 양의 희토류 생산을 위해 많은 양의 폐기물이 생성된다. 따라서 공정과 폐기물이 제대로 관리되지 않으면 심각한 환경오염을 일으킬 수 있다. 모나자이트는 적지만 토륨(Th)이나 우라늄(U) 등의 **방사능 물질**을 포함하고 있다. 토륨의 경우 약한 방사능 물질이나 생산 공정 중에 방사선이 붕괴되면서 강한 방사능 물질인 라듐(Ra)을 형성할 수 있다. 따라서 모나자이트 선광 폐기물은 방사능 위험이 있다. 또한 정제 공정에서 많은 양의 강한 산이 사용되는데 폐산은 독성이 강하다. 따라서 환경에 무해하도록 처리되지 않고 폐기되는 경우 심각한 지하수 오염을 초래할 수 있다. 따라서 화학자는 희토류를 얻기 위해서 효율적이며 환경 친화적인 공정을 개발해야 할 뿐만 아니라 안전한 조업 및 폐기물 처리에도 힘써야 한다.

희토류 매장지와 생산지

희토류는 전 세계 부존량의 48%가 중국에 매장되어 있으며, 다른 희토류 자원 보유국은 미국, 오스트레일리아, 브라질, 인도, 말레이시아, 남아프리카공화국, 스리랑카, 태국, 인도네시아 등이다. 그러나 최근 희토류의 생산은 중국, 브라질, 인도, 인도네시아, 카자흐스탄 등 5개 국가로 국한되어 있다. 그중에서도 중국은 2000년대 초반부터 전세계 희토류의 95%를 생산하고 있다. 이와 같이 한 국가가 자원을 거의 독점하면 자원의 무기화가 문제가 된다. 즉 여러 산업, 특히 전자 산업과 방위 산업의 핵심자원 공급을 한 국가가 좌우하는 경우, 자원 공급을 의도적으로 제한함으로써 관련 산업에 심각한 타격을 줄 수 있기 때문이다. 따라서 미국과 오스트레일리아 등 희토류 자원을 보유하고 있는 국가들도 자국의 희토류 자원 개발에 박차를 가하고 있다.

산업에 필요한 희토류 확보의 중요성

최근 20년간 희토류의 수요는 폭발적으로 증가했고, 수요는 앞으로도 계속해서 증가할 것이다. 이러한 수요 증가는 희토류에 대한 인식을 바꾸어 전에는 이름도 낯설었던 희토류가 일상생활에서 자주 입에 오르내리고 있다. 과학 기술의 발전에 따라 세계는 더 빠른 컴퓨터, 더 똑똑한 이동전화를 끊임없이 요구한다. 하지만 희토류의 원활한 공급 없이 그것은 어려운 일이 될 것이다. 희토류라는 이름에서 희귀성을 알 수 있듯이 수요가 급증하고 가격이 올라간다고 공급이 원활하게 이루어질 수 있는 것은 아니다. 따라서 이들 금속의 효율적인 사용과 재활용, 그리고 대체 물질의 생산이 무엇보다 중요하다. 현재까지는 대체 물질이 희토류보다 효율적이지 못하고 비용도 더 많이 들었다. 또한 희토류 재활용에도 많은 비용과 에너지가 필요했다. 따라서 효율적인 재활용 기술의 개발뿐만 아니라 생산단계에서부터 재활용이 가능하도록 만드는 것도 필요하다.

우리나라는 석유뿐만 아니라 희토류에서도 자원이 빈약한 실정이다. 반면 전자, 자동차 산업 등 희토류를 필요로 하는 분야에서 세계 수준의 발전을 이루었다. 산업에 필요한 희토류의 원활한 공급을 위해서는 자원 보유국과의 자원 외교를 통한 희토류 확보뿐만 아니라, 효율적인 희토류 재활용 공정 개발 및 대체 물질 개발에 꾸준한 노력을 기울여야 한다.

63빌딩에 갇힌 전자

박승빈

📖 자유 전자, 에너지 준위, 전자의 이동

여의도에 있는 63빌딩은 지상 60층 지하 3층인 건물로 높이가 약 250m에 가깝다. 이 건물에는 전망대, 수족관 등이 있어 일반인이 출입할 수 있는 건물로는 국내에서 가장 높다. 63빌딩에는 관광객은 물론 수많은 사무실의 직원들이 출입한다. 그런데 어느 날 이 건물에 사람의 출입이 금지된다면 어떤 일이 벌어질까? 안에 있는 사람이 밖으로 나올 수 없는 상황이 벌어진다면? 일단 음식물이 충분히 공급된다고 가정하면 사람들이 살아가는 데는 문제가 없을 것이다. 따라서 안에 갇힌 사람들은 특별히 건강에 문제가 없다면 적절한 운동을 하면서 밖으로 나갈 날을 기다리면 된다.

전자와 빌딩에 갇힌 사람의 생존 방식이 같다고?

물질의 최소 단위인 원자 안에 들어 있는 전자의 생존 방식이 바로 63빌딩에 갇힌 사람의 생존 방식과 매우 비슷하다. 물질을 이루는 최소 단위인 원자 속의 **전자**의 운동을 63빌딩에 사람이 갇혔을 때 일어나는 현상을 예를 들어 알아보자. 빌딩 안의 사람이 밖에 나오지 못하고 건물 안에서만 살려면 가만히 앉아 있기보다는 식당을 간다거나 화장실을 드나들면서 생활을 하게 된다. 원자 속의 전자도 가만히 앉아 있는 게 아니라 움직이면서 자신의 존재를 확인한다. 움직이지 않는 전자는 죽은 전자이며 존재하지 않는 것과 같다. 그런데 전자가 움직이는 공간이 동일한 층으로 제한되는 점이 인간의 움직임과 차이가 있다. 즉 전자는 같은 에너지 상태를 가진 층에서만 왔다 갔다 한다. 높은 층으로 이동하려면 외부에서 에너지가 공급되어야 한다. 역으로 낮은 층으로 이동할 때는 밖으로 에너지를 내놓는다.

이렇게 외부로 방출하는 에너지는 일부 열로 변화하기도 하고 빛으로 변환된다. 형광등이나 발광다이오드(LED)가 빛을 내는 원리가 바로 이것이다. 발광다이오드Light Emitting Diode: LED 1962년 일리노이대학교의 닉 호로니악Nick Holonyak이 최초로 개발한 고체상의 반도체로서 순방향으로 전압을 가하면 반도체 내의 전자와 정공이 결합되면서 **빛에너지**를 방출하는 소자이다.

사람이 계단을 올라갈 때 에너지를 사용하게 되는 것은 전자와 마찬가지이다. 그러나 사람이 계단을 내려온다고 해서 외부로 에너지를 방출하는 건 아니고 단지 계단을 오를 때보다 에너지 소모가 적다는 차이가 있을 뿐이다. 그렇다면 계단을 내려오는 경우에 발생하는 **위치에너지**를 회수하는 장치를 만드는 것은 가능할까? 원칙적으로 가능하지만 그만큼의 에너지를 회수하기 위해서 추가로 에너지가 필요할 가능성이 높다.

빌딩에 갇힌 사람들에 관한 또 한 가지 중요한 사실 중 하나는 층과 층 사이에 사람이 살 수 없다는 것이다. 63빌딩뿐 아니라 우리나라의 모든 고층 건물의 층과 층 사이에 사람이 살 수 있는 곳은 없다. 이와

> **양자화**
> 물리적인 양이 연속적으로 변하지 않고 특정한 값의 정수배로 변할 때 물리량이 양자화되었다고 말한다.

마찬가지로 전자도 층과 층 사이에 존재하지 않는다. 이런 현상을 전자의 에너지 상태가 **양자화**되어 있다고 한다. 고층 아파트에 살고 있는 사람도 주거 측면에서 보면 양자화되어 있다고 볼 수 있다.

고층 건물에 갇힌 사람들은 시간이 지나면서 대체로 생활 패턴이 일정하고 주기적으로 변하게 된다. 밤에 침실에 가서 자고 아침에 일어나 식사를 하고 여기저기 주변 사람을 방문하고 다시 밤이 되면 침실로 들어간다. 전자도 제한된 공간에서 빠져나가지 못하고 한쪽 벽에서 다른 쪽 벽으로 왔다 갔다 하면서 살아간다. 이것은 별로 놀랄 일이 아니다. 모든 움직이는 물체는 제한된 공간에 갇히게 되면 한쪽 벽에서 다른 쪽 벽 사이를 왕래할 수밖에 없다.

예를 들어 학생들은 아침 일찍 집을 떠나서 학교에 오면 수업이 끝날 때까지 학교에 갇혀 있다. 갇힌 학생들은 시간표에 따라 수업을 하고 휴식 시간에는 화장실을 다녀온다. 하루 일과를 살펴보면 대체로 정해진 패턴대로 하루의 학교생활을 한다. 사람이 건물에 갇히거나 학교라는 울타리에 갇히면 이처럼 같은 일상을 반복한다. 학교 내에 기숙사에서 생활을 하는 경우도 대체로 학교 내 울타리에서 일정한 패턴의 반복된 생활을 하는 것이 일반적이다. 그런데 혹시나 학교에 가려고 집을 나섰다가 친구의 유혹에 넘어가 학교에 가지 않고 다른 곳에 가본 경험이 있는가? 이런 경우에는 학생이라는 신분을 가지고 있을지 몰라도 적어도 학생의 도리를 다하지는 못한 것이다.

전자의 경우도 마찬가지이다. 자신이 존재하는 에너지 층에 존재하지 못하고 외부에서 공급된 에너지에 의해 밖으로 전자가 튀어나갔다면 그 전자는 원자에 속한 전자가 아닌 것이다. 또한 에너지가 높은 상태에 있는 전자가 낮은 상태로 떨어져도 에너지를 방출하게 된다. 도시의 밤거리를 색색깔로 빛내는 네온사인이나 LED 표지등, 형광등은 모두 전자가 튀어나왔다가 다시 에너지가 낮은 층으로 돌아가면서 방출되는 에너지가 빛의 형태로 나오는 것을 이용한 제품들이다.

　실제로 전기 에너지가 빛에너지로 바뀌는 효율은 높지 않다. 즉 전기 에너지의 상당한 부분이 **열에너지**로 방출이 되고 일부만 빛으로 바뀌게 된다. 휘황찬란한 도시의 불빛이 많은 사람의 마음을 들뜨게 하는 것은 아마도 빛이 발생하기 위해 전자가 들뜬 상태가 되는 것과 깊은 관련이 있는지도 모르겠다.

제3장

닮은꼴 화학 반응

Chemistry

잉카 제국의 비극과 철 제련 기술

문상흡

📖 철의 제련, 다양한 철의 쓰임

콜럼버스가 1492년에 신대륙을 발견했을 때, 그곳에는 이미 약 1만 년 전부터 살아온 원주민들이 있었다. 그러나 원주민들은 새로 이주한 유럽인들에게 밀려 오늘날 종족이 거의 사라질 위기에 처하게 되었다. **잉카 제국** 역시 예외는 아니었다. 1532년에 이 지역을 점령한 프란시스코 피사로에 의하여 잉카의 아타왈파 황제가 살해되면서 제국은 멸망하고 원주민들은 에스파냐의 혹독한 식민 지배를 받아야 했다. 라틴아메리카를 거의 다 아우르는 대제국을 이루고 훌륭한 문명을 이룩했던 잉카 제국이 이처럼 허무하게 무너진 까닭은 무엇일까? 이에 대한 답은 간단하다. 당시

잉카 제국(Inca帝國)
남아메리카 안데스 지역에 인디오가 세운 나라. 15~16세기에 대제국을 건설하고, 수도 쿠스코를 중심으로 문화를 꽃피웠으나 1532년 에스파냐의 피사로의 침략으로 멸망하였다.

돌을 바탕으로 찬란한 문화를 꽃피운 잉카 제국

잉카의 황금 유물

유럽은 철기 문명을 이루었으나 신대륙 원주민들은 석기 시대를 벗어나지 못했기 때문이다. 총과 칼을 가진 유럽인들에게 돌과 활로 싸우는 원주민들은 상대가 되지 못했다. 잉카 지역에는 특히 양질의 구리와 철광석이 많이 매장되어 있었음에도 불구하고 원주민들은 거기서 금속을 뽑아내어 이용하는 기술이 없었기 때문에 결국 에스파냐에 정복되고 말았다. 잉카를 정복한 에스파냐는 그곳에 매장된 막대한 금과 은을 차지하면서 엄청난 부를 누리게 되었다.

문명의 단초가 된 광물 자원의 활용

인류는 지구상의 광물 자원에서 금속을 뽑아내 이를 활용하면서 종전과 다른 새로운 문명을 이룩해왔다. 기원전 약 3000년에는 철광석에서 철을 생산하면서 철기 시대를 열었고, 오늘날에는 모래에서 규소를 뽑아내고 이를 **반도체** 재료로 이용함으로써 지구상 어느 곳에서도 실시간으로 정보를 교환할 수 있는 정보화 시대를 열어가고 있다.

1884년에는 21세 청년인 미국의 찰스 홀Charles Hall과 동갑내기인 프랑스의 폴 에루Paul Hérout가 각각 독립된 연구를 통하여 진흙에서 알루미늄을 얻는 기술을 발명하였는데, 이 금속은 특히 무게가 가볍기 때문에 오

늘날 하늘을 나는 모든 비행기의 주재료로 쓰인다. 라이트 형제의 사상 첫 비행 시험에 사용된 비행기가 베니어합판과 천으로 만들어졌던 사실을 생각할 때, 만일 홀과 에루의 발명이 없었다면 항공 기술이 과연 지금처럼 발전할 수 있었을까 의심스럽다. 사실 알루미늄은 제련 기술이 발명되기 전까지만 해도 금이나 은보다 훨씬 비싼 금속이었다.

  이와 관련된 재미있는 일화가 있다. 프랑스의 황제 나폴레옹 3세는 특히 자기를 과시하기 좋아하는 사람이었다. 그는 손님을 초대하여 식사를 할 때 자신을 포함한 특별한 손님은 값비싼 알루미늄으로 만든 술잔과 접시를 사용하게 하고 나머지 손님들은 금이나 은으로 만든 그릇을 사용하도록 하였다. 만일 나폴레옹 3세가 다시 태어나 자신이 그토록 귀하게 여기던 알루미늄이 오늘날 아파트 창문의 틀, 청량음료용 캔, 음식을 싸는 포일 등으로 흔하게 사용되는 것을 본다면 기분이 어떨까? 130년 전 이루어진 두 젊은 과학자의 발명으로 인하여 황제의 손님접대 방식이 지금 기준으로 보면 웃기는 일이 되어버린 셈이다.

금속 제련 기술의 발견

규소와 알루미늄은 지구상에 존재하는 원소 중에서 총 무게로 따질 때 산소 다음으로 많은 원소이지만, 인류는 아주 최근에 와서야 이 원소들을 유용하게 사용하기 시작했다. 지구상에 인류가 출현한 것이 약 400만 년 전인데 철광석에서 철을 얻은 것은 불과 5천여 년 전의 일이다. 더구나 알루미늄 금속을 얻은 것은 지금부터 불과 130년 전의 일이다. 인류가 걸어온 긴 역사 중에서 이처럼 극히 최근에 와서야 금속의 **제련 기술**을 가지게 된 까닭은 무엇일까? 화학 반응의 측면에서 볼 때 이것은 인류가 광석을 **환원**시키는 적절한 방법을 알지 못했기 때문이다. 이를 좀 더 자세히 설명하면 다음과 같다.

> **제련(製鍊, smelting)**
> 전기분해의 원리를 이용하여 광석에서 금속을 필요한 순도로 추출하여 정제하는 공정.

철, 규소, 알루미늄과 같은 금속은 자연에서 대개 산소와 결합한 산화물의 형태로 존재한다. 그 까닭은 금속 원자가 자신이 가진 전자를 쉽게 내놓는 성질이 있는 반면에, 산소는 전자를 받는 성질이 강해서 금속과 산소가 만나면 서로 전자를 주고받으며 안정된 화합물을 이루기 때문이다. 전자를 빼앗긴 금속 원자는 **산화**가 일어났다 하고, 전자를 받은 산소 원자는 환원이 일어났다고 한다. 철, 규소, 알루미늄은 전자를 내놓는 성질(이를 **이온화 경향**이라고 부른다)이 강하기 때문에 쉽게 산화가 된다. 그러나 금이나 은은 이와 같은 이온화 경향이 거의 없어서 산화가 되지 않고 금속 상태를 그대로 유지하기 때문에 이들은 귀금속이라 불린다. 금속의 산화를 반응식으로 표시하면 아래와 같다.

> 금속의 산화 반응 : M(금속) + xO(산소) → MO$_x$(금속 산화물)

여기서 금속 원자당 결합하는 산소 원자의 수인 x는 금속과 산화물의 종류에 따라 다르다.

철, 규소, 알루미늄의 산화물에서 금속을 얻으려면 여기서 산소를 떼어내야 한다. 이를 위하여 산소 원자에 몰려 있던 전자를 다시 금속 원자에게 돌려줌으로써 금속-산소 간의 결합을 약화시킬 필요가 있다. 이 조치는 금속 원자의 입장에서 보면 전자를 되돌려받는 환원 반응에 해당한다. 따라서 제련 공정의 핵심은 이 환원 반응을 일으키는 **환원제**를 찾아내고 이를 적절히 사용하는 것이다. 환원제를 이용한 금속 산화물의 환원 반응은 다음 식으로 표시할 수 있다.

> 금속 산화물의 환원 반응 : MO_x(금속 산화물) + R(환원제)
> → M(금속) + RO_x(산소와 결합한 환원제)

인류가 그동안 금속의 제련용으로 찾아낸 가장 효과적인 환원제는 탄소이다. 탄소는 숯이나 석탄 등에서 쉽게 얻을 수 있고 또한 고온에서 산소와 결합하여 일산화탄소나 이산화탄소와 같은 안정된 화합물을 이루기 때문에 금속 산화물의 환원제로 적합하다. 이를 각 금속의 대표적 화학 반응식으로 표시하면 아래와 같다.

> 금속제련
> Fe_3O_4(철광석) + 2C(탄소) → 3Fe(철) + $2CO_2$(이산화탄소)
> SiO_2(모래) + C(탄소) → Si(규소) + CO_2(이산화탄소)
> $2Al_2O_3$(산화알루미늄) + 3C(탄소)
> → 4Al(알루미늄) + $3CO_2$(이산화탄소)

위의 식들은 금속의 종류에 따라 그 산화물과 결합하는 탄소 원자의 수가 다르지만, 환원제인 탄소가 산소와 반응하여 이산화탄소를 생성하면서 금속-산소 간의 결합이 끊어진다는 점에서는 동일하다. 인류는 이처럼 비교적 간단한 반응을 찾아 이용하기까지 그토록 긴 시간 시행

착오를 겪은 셈이다. 실제의 제련 공정에 사용되는 탄소 재료는 형태가 **코크스** 또는 흑연봉과 같이 다양하다. 또한 공정의 에너지 소모량을 낮추고 금속 제품의 순도를 높이기 위하여 여러 가지 공정들이 추가로 사용되는데, 이들은 대부분 특허로 보호된 산업 기술에 속하므로 여기서는 설명을 생략한다.

> **코크스(Cokes)**
> 아스팔트, 점결탄, 석유 등 탄소가 주요 성분인 물질을 가열하여 얻을 수 있는 휘발 성분이 없고, 구멍이 많은 고체 탄소 연료. 불을 붙이기는 어렵지만 열량이 크고 연기가 없어서 가스, 용광로, 주물 시 연료로 쓴다.

인류에게 번영과 재앙을 동시에 가져다준 철

마지막으로 인류 문명에 큰 영향을 미친 철에 관하여 두 가지 이야기를 해보도록 하자. 철은 인류가 오늘날의 산업과 농업을 이루는 데 결정적인 역할을 한 소중한 재료이지만 동시에 탱크, 대포, 폭탄과 같은 각종 군사무기의 재료로서 인류를 살상하는 데도 큰 역할을 하였다. 철은 인류에게 번영과 재앙을 동시에 가져다준 재료인 셈이다. 따라서 우리는 이 소중한 재료를 인류의 복지와 평화를 위하여 사용하도록 슬기를 모아야 하겠다.

부식의 위험에도 꿋꿋이 서 있는 에펠탑

1889년에 프랑스의 건축가 구스타프

에펠이 파리에 높이 300m의 철탑을 세웠을 때, 사람들은 이것이 파리의 전통적인 경관을 해칠 뿐만 아니라 25년 이내에 녹이 슬어 무너지면서 큰 재앙을 부를 것이라고 걱정했다. 이와 같은 우려는 1820년부터 100년간 세계에서 생산된 철의 약 40%가 녹이 슬어 산화철로 되돌아간 사실을 고려할 때 근거 없는 주장은 아니었다. 그러나 건립 후 120여 년이 지난 지금까지 에펠탑은 쓰러지지 않았고 오히려 수많은 관광객을 불러모으는 파리의 명물로 당당하게 서 있다. 그것은 그동안 탑의 표면에 정기적으로 칠한 페인트가 표면과 공기의 접촉을 차단하면서 철의 산화를 막아주었기 때문이다. 이처럼 인류는 금속의 산화와 환원 반응을 정확히 이해하고 이를 현명하게 이용하였기 때문에 오늘날의 문명을 이룩할 수가 있었다.

반짝반짝 빛나는 금의 가치

탁용석

📖 금속의 부식

 필자는 고등학교 사회 시간에 재화의 가격은 수요와 공급에 의해 결정된다고 배웠다. 경제학적으로 금은 매장량이 적을 뿐 아니라 수요에 비하여 공급이 적기 때문에 가격이 비싸다. 그러나 철은 매장량이 풍부하고 수요에 비하여 공급이 많기 때문에 저렴하다. 과연 그것만이 금값이 비싼 유일한 이유일까?

 고대에 금이 신성시되고 심지어 숭배의 대상이 되기까지 한 이유는 오랜 세월이 흘러도 황금빛이 전혀 변하지 않고 영원히 지속되기 때문이었을 것이다. 그러나 처음 만들었을 때 광택을 가지고 있던 철로 만든 검은

세월이 흘러도 변하지 않는 신라 시대 금관

녹슬어 부식된 철검

제대로 관리를 하지 않을 경우 세월이 흐르면서 광택을 잃을 뿐 아니라, 심하게 녹슬어 나중에는 철검으로서 가치도 잃게 된다. 금이 철과 같이 녹슬어서 황금빛의 광택과 가치를 잃어도 여전히 비쌀 것인가? 물론 아닐 것이다.

금이 변하지 않는 이유?

그러면 왜 철은 녹슬고 금은 녹슬지 않는 것일까? 이는 철과 금이 늘 접하는 공기 중의 산소와 물로부터 영향을 받는지의 여부에 달려 있다. 현재 자연 상태에서 발견되는 물질의 모습은 지구의 탄생 이후 지금까지 수십 억 년 동안 지구의 토양이나 대기와 접하면서 여러 모습으로 변화하는 과정을 거치다가 살아남은 최종 형태이다. 살아남았다는 것은 그 물질들이 다른 것으로 더 이상 변하지 않는다는 의미이다. 이를 에너지의 관점에서 보면 가장 낮은 에너지를 갖고 있는 가장 안정된 상태라는 뜻이다. 지구의 대기와 토양에 가장 많이 존재하는 물질이 물과 공기이므로, 현재 지표면에서 발견되는 철과 금은 물과 산소(15℃의 지구 평균온도에서 질소는 다른 물질과 반응을 거의 하지 않으므로 질소는 물질에 영향을 미치지 않는다)와의 오랜 기간 접촉 끝에 그들이 취할 수 있는 가장 안정된 형태의 모습을 보여주는 것이다.

사금을 채취하는 모습과 채취된 사금

철의 원광석을 채취하는 광산

앞 페이지 사진(위)은 사람들이 강바닥의 모래서 사금을 채취하는 모습과 채취한 사금이다. 이는 자연 상태에서 황금색의 금을 직접 얻을 수 있다는 것을 보여준다. 그러나 금과 달리, 철은 자연에서 금속인 철 그 자체로는 결코 발견되지 않으며, 철이 산소나 물과 결합한 화합물(철 원광석)로만 존재하고 있어서 앞 페이지 사진(아래)와 같이 붉은색을 띤 흙과 같은 모습으로 존재한다.

이온화가 쉬운 철은 녹슬기도 쉽다

자연에서 금은 금속으로, 철은 화합물로 발견되는 사실에 대한 답은 금, 철, 산소 또는 물이 접하고 있는 상황에서 전자를 놓고 서로 힘겨루기를 하는 모습을 상상해보면 알 수 있다. 서로 접하고 있는 물질(철과 산소/물 또는 금과 산소/물) 간에 전자를 끌어당기는 힘의 세기에서 차이가 있을 경우, 물질의 상태를 변화시키게 된다. 25℃, 1기압에서 위의 힘을 표준환원전위($E°$)라고 부르는데, 표준환원전위값이 크다는 것은 전자를 받아들이는 힘이 크고 전자를 내놓기(잃기)가 어렵다는 것을 의미한다.

반면에, 표준환원전위값이 작다는 것은 전자를 받을 수 있는 힘이 적고 오히려 쉽게 전자를 내놓게(잃게) 된다는 것을 의미한다. 즉, 표준환원전위($E°$)가 다른 두 물질이 서로 접하고 있을 경우에 $E°$가 큰 물질은 전자를 받고(환원) $E°$가 작은 물질은 전자를 내놓게(산화) 된다. 그러므로 이들이 서로 접할 경우 어떠한 화학적인 변화가 일어날 것인가를 예

> **이온(ion)**
> 전하를 띤 원자 또는 원자단. 전기적으로 중성인 원자가 전자를 잃으면 양전하를, 전자를 얻으면 음전하를 가진 이온이 된다.

측하는 것은 어렵지 않다. **이온** 상태로 존재하는 금 이온(Au^{+3})이 산소와 물을 만나면 이들로부터 전자를 얻어 쉽게 전자를 받는 환원 반응이 일어나 고체 금(Au)으로 변화하고, 일단 고체 상태의 금이 만들어지면 그 모습 그대로 영원히 유지된다.

> 금, 철, 산소와 물에 대한 표준환원전위($E°$)
> 금: +1.50V ($Au^{+3}+3e \rightarrow Au$),
> 산소와 물: +0.40V ($O_2+2H_2O+4e \rightarrow 4OH^-$),
> 철: −0.44V ($Fe^{+2}+2e \rightarrow Fe$),
> 물: −0.83V ($2H_2O+2e \rightarrow H_2+2OH^-$),

그러나 표준환원전위가 낮은 철 이온(Fe^{+2})은 산소와 물을 만나면 전자를 받을 수 없어 이온 상태 그대로 머물게 된다. 만일, 고체 상태의 철이 있다고 해도 산소와 물에게 쉽게 전자를 빼앗겨(산화 반응이 일어나) 원래의 자기 모습을 잃고 **이온화**(Fe^{+2}) 된다. 즉, 은빛의 철 금속은 공기 중에서 쉽게 산화되어 붉은 색의 **녹**(rust, $Fe(OH)_3$)으로 변화되어 철 금속이 가지고 있는 고유한 성질을 잃게 된다. 녹은 금속 철의 부식 생성물로서 자연 상태에서 발견되는 철의 원광석과 조성이 비슷하며, 따라서 철의 일생은 다음과 같이 표현할 수 있다. "산화된 상태로 잠자고 있던 붉은 색의 철($Fe(OH)_3$)은 제철소의 용광로에서 환원 반응을 통하여 금속

녹슨 철

철(Fe)로 재탄생하여 높은 강도를 필요로 하는 다양한 구조재, 건축재로 쓰이지만, 시간이 흘러가면서 산소와 물에 의해 녹이 발생하면서 왼쪽 사진과 같이 다시 원래의 모습(Fe(OH)$_3$)으로 돌아가게 된다."

금속인 철이 녹슬게(부식) 되면 철을 사용한 구조물의 안전을 위협하거나 제품의 가치를 떨어뜨리게 되므로 철의 부식을 억제하는 방법이 필요하다. 오른쪽 사진(상단)은 지난 2007년 8월 미국 미니애폴리스에서 갑자기 발생한 콘크리트 다리 붕괴 사진으로 철의 부식이 붕괴의 원인 중 하나로 지적되었으며, 또 다른 사진(하단)은 1988년 4월 하와이의 섬 사이를 왕복하던 비행기가 이륙하는 과정에서 앞부분 덮개가 파괴된 모습으로 비행기의 동체 부식이 주된 원인으로 알려져 있다.

부식이 주원인이 되어 붕괴된 다리

앞에서 언급한 바와 같이 철이 산소와 물을 만날 경우에 부식이 일어나는 것을 피할 수 없다. 그러므로 녹스는 것을 막기 위하여 첫 번째로 취할 수 있는 방법은 금속인 철이 산소와 물을 만나지 못하도록 하는 것이다. 예를 들면, 자동차의 차체를 페인트로 도장(코팅)하는 것을 들 수 있다. 자동차 도장은 차를 돋보이게 하는 역할을 하지만 무엇보다도 공기와 물의 접촉을 차단하여 부식을 억제하는 것이 근본 목적이다. 만일 도장의 일부

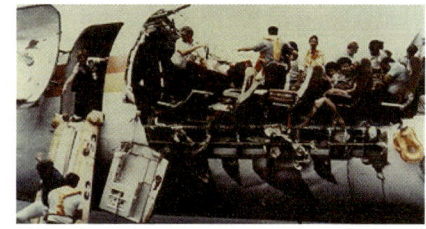

이륙 직전 비행기 동체의 앞부분 덮개가 부식으로 파괴된 모습

분이 벗겨져서 자동차의 강판이 공기 중에 노출되면, 노출된 부위의 부식은 빠른 속도로 진행된다.

철의 부식을 막는 또 다른 방법은 철의 표면에 물과 공기가 통과할 수 없는 치밀한 금속 산화막을 입히는 것이다. 그러나 순수한 철의 산화막은 치밀하지 못하므로 부식을 억제하는 데 효과를 발휘하지 못하지만, 철에 크롬(Cr)을 넣어 합금을 만들면 합금 표면에 1~2나노미터(nm) 두께의 치밀하고 강한 크롬 산화막이 형성되면서 물과 공기와의 접촉을 차단해 부식이 현저하게 억제되는 강한 내식성을 갖게 되는데 이 금속을 스테인레스 스틸(강)이라고 한다.

위와 같은 산화-환원 특성을 다른 금속에 적용할 경우 자연에 존재하는 금속의 현재 모습을 예측해볼 수 있다. 산소와 물의 표준환원전위가 +0.4V이므로 환원전위값이 이보다 더 높은 백금(Pt, 1.2V), 팔라듐(Pd, 0.92V), 은(Ag, 0.8V) 금속은 금처럼 자연에서 금속 상태로 발견되며, 대기 중에서 금속 상태 그대로 유지되므로 이들을 귀금속noble metal, 貴金屬이라고 부른다. 그러나 표준환원전위값이 +0.40V보다 작은 철(Fe, -0.44V), 아연(Zn, -0.76V), 알루미늄(Al, -1.67V), 리튬(Li, -3.05V)은 자연 상태에서 금속 상태가 아니라 산소 또는 물과 결합한 산화물(MO)/수산화물(M(OH)) 형태로 발견되며, 이러한 금속을 비금속base metal, 卑金屬이라고 부른다.

금속의 종류	환원 반응	표준환원전위
귀금속	$Au^{+3}+3e \rightarrow Au$	+1.5V
	$Pt^{+2}+2e \rightarrow Pt$	+1.2V
	$Pd^{+2}+2e \rightarrow Pd$	+0.92V
	$Ag^{+}+e \rightarrow Ag$	+0.8V
	$O_2+2H_2O+4e \rightarrow 4OH^-$	+0.4V
비금속	$Fe^{+2}+2e \rightarrow Fe$	-0.44V
	$Zn^{+2}+2e \rightarrow Zn$	-0.76V
	$Al^{+3}+3e \rightarrow Al$	-1.67V
	$Li+e \rightarrow Li$	-3.05V

위와 같이 자연 상태에서 발견되는 산화물/수산화물(MO/M(OH))로부터 금속(M, M=Fe, Zn, Al, Li)을 제조하기 위하여 많은 양의 에너지를 투입하여 제조하고 있지만, 이들 금속이 대기 중의 산소와 물을 접하게 되면 금속의 표면은 쉽게 산화되어 다시 원래의 자연 상태로(Fe_2O_3/$Fe(OH)_3$, ZnO/$Zn(OH)_2$, Al_2O_3/$Al(OH)_3$, Li_2O/$Li(OH)$) 돌아가는 성질을 가지고 있으므로 철, 아연, 리튬과 같은 금속을 사용할 때는 공기와 물의 접촉을 차단하는 것이 매우 중요하다. 그러나 특이하게도 알루미늄 금속은 공기 중에서 형성되는 산화막이 사진(오른쪽)과 같이 치밀하고 균일하여 산소와 물이 알루미늄 금속과 접촉하는 것을 차단해, 알루미늄 금속을 보호하는 역할을 하는 독특한 성질을 가지고 있다. 이 같은 알루미늄 산화막을 보호 산화막이라고 부른다.

금속 알루미늄 표면에 형성된 나노미터 두께의 치밀한 산화막

제 3 장 닮은꼴 화학 반응

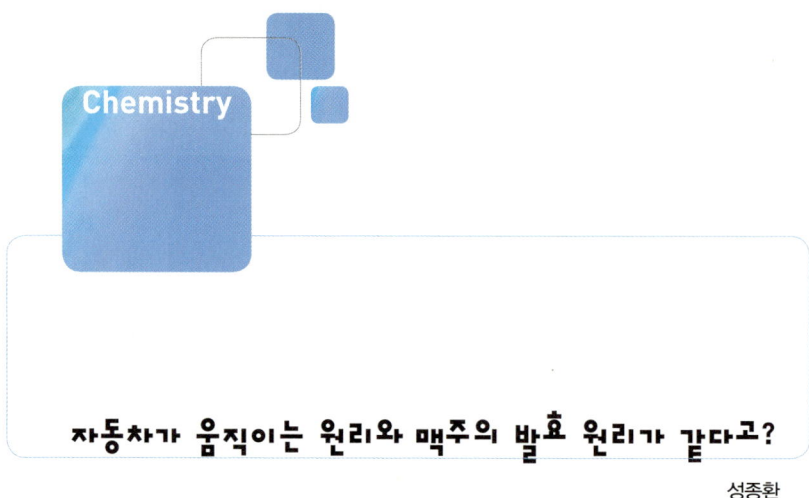

자동차가 움직이는 원리와 맥주의 발효 원리가 같다고?

성종환

📖 산화-환원, 연소 · 호흡 · 발효의 공통점

우리가 생활하는 주변 환경, 그리고 우리의 몸속에서는 수많은 화학 반응들이 쉴 새 없이 일어난다. 이러한 화학 반응들 중에 가장 넓게 우리의 삶에 영향을 끼치는 반응을 꼽으라면 **산화-환원 반응**이라고 할 수 있다. 간단하게 예를 들기만 해도 산화-환원 반응이 우리 생활과 얼마나 밀접한 관계에 있는지 알 수 있다. 연료를 태워서 가는 자동차, 건물의 난방, 휴대전화 전지(배터리), 식물의 광합성, 음식을 먹은 뒤 얻는 에너지, 맥주나 와인, 치즈와 같은 음식, 식품의 부패, 녹스는 현상 등등…. 우리 주변에서 일어나는 이런 현상들 뒤에는 산화-환원이라는 반응이 숨어 있다. 자동차가 움직이는 원리와 맥주나 치즈가 만들어지는 원리가 같다니 선뜻 이해가 되지 않을 것이다. 그러므로 이번 장에서는 산화-환원 반응에 대해 살펴보고 구체적인 예를 들어 설명해보자.

산화-환원 반응의 정의

산화-환원 반응은 산화와 환원, 두 가지 반응을 함께 일컫는 말이다. 이렇게 부르는 이유는 이 두 가지 반응이 항상 같이 일어나기 때문이다. 먼저 산화 반응은 어떤 분자가 산소를 얻거나, 수소를 빼앗기거나, 전자를 빼앗기면 산화되었다고 말한다. 환원 반응은 그 반대로, 어떤 분자가 산소를 잃거나, 수소를 얻거나 전자를 얻으면 환원된 것이다. 이렇게 산소, 수소, 또는 전자의 이동으로 산화와 환원 반응을 설명하기는 하지만 보다 근본적인 정의는 전자의 이동에 초점을 맞춘다. 아무튼 이런 식으로 산소, 수소 또는 전자가 이동하면 그 물질의 **산화수**가 변하게 된다. 산화수는 물질이 산화되거나 환원된 정도를 나타내는 숫자이다. 양수(+)로 갈수록 산화된 정도가 크고, 음수(-)로 갈수록 환원된 정도가 크다는 뜻이다.

이론적인 내용을 살펴보았으니 실제 현상에 적용해보자. 추운 겨울에 난방을 하기 위해 석탄을 태우면 석탄에 포함된 탄소 성분이 산소와 산화-환원 반응을 일으킨다. 그리고 이 반응은 오른쪽 식과 같은 화학식으로 나타낼 수 있다. 그리고 탄소는 산화가 되었으니 산화수가 증가하고, 산소는 환원되었기 때문에 산화

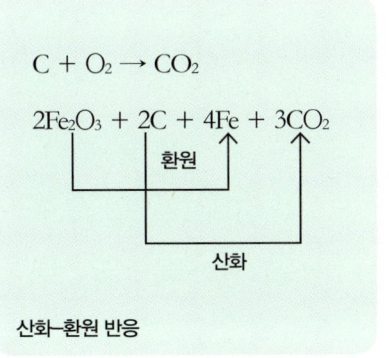

$C + O_2 \rightarrow CO_2$

$2Fe_2O_3 + 2C + 4Fe + 3CO_2$

환원

산화

산화-환원 반응

수가 줄어든다.

철광석(Fe_2O_3)의 제련 과정에서는 코크스(C)를 환원제로 사용한다. Fe_2O_3는 산소를 잃었으므로 환원되었고, C는 산소를 얻었기 때문에 산화되었다.

연소 반응

위에서 살펴본 것과 같은 반응은 산화-환원 반응의 일종으로 **연소 반응**이라고도 한다. 연소 반응은 산화-환원 반응이 급격하게 일어나면서 열을 방출하는 반응이다. 석유나 석탄과 같은 연료를 사용해 난방을 하거나 자동차를 움직이거나, 화력발전소에서 전기를 만들어내는 과정은 모두 연소 반응을 이용한 것이다. 18, 19세기 영국에서 산업혁명이 가능했던 이유는 연소 반응을 일으켜서 나오는 열을 이용하여 기계를 움직이게 하는 **증기기관**의 발명이었다.

증기기관은 연료 속에 숨어 있는 화학적 에너지를 열과 같은 물리적 에너지로 바꾼 후 기차와 같이 작동을 하는 기계적 에너지로 변환하는 것이다. 증기기관이 화학적 에너지를 기계적 에너지로 변환시키는 최초의 기관이었다면 요즘 사람들이 타고 다니는 자동차의 엔진은 기능은 비슷하지만 작동 방식이 다르다. 증기기관은 연료를 연소시켜 발생하는 열로 보일러 안에 있는 물을 가열하여 증기를 발생시키고, 발생된 고온 고압의 증기를 이용하여 피스톤

증기기관
석탄과 같은 화석연료를 연소시켜서 나오는 열로 물을 끓여 수증기로 기차를 움직이는 것과 같은 동력을 만들어내는 장치이다.

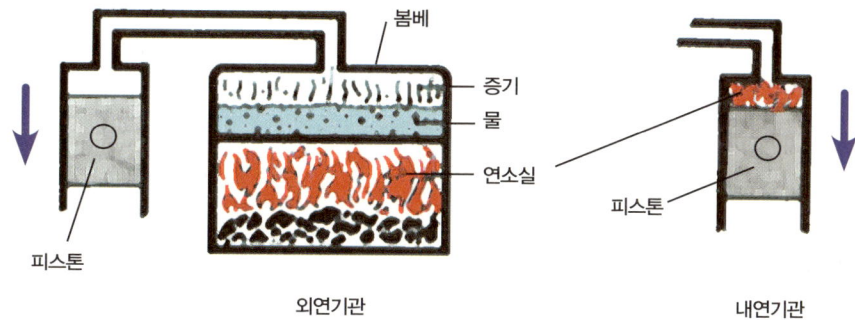

외연기관과 내연기관

을 움직여서 기계를 움직인다.

이렇게 연료(석탄이나 석유)와 기계적인 동작을 일으키는 **작동 유체**(물)가 분리되어 있는 방식의 기관을 **외연기관**이라고 한다. 이 방식은 외부에서 열을 전달해서 물을 끓여야 하기 때문에 시간이 오래 걸리고, 전체 기관의 부피와 무게가 커질 수밖에 없다. 따라서 기차나 화력발전소처럼 전체 부피가 크고, 장시간에 걸쳐 꾸준히 작동하는 경우에 알맞다. 자동차와 같이 바로 작동이 필요하고, 부피를 줄여야 하는 엔진에는 적합하지 않다. 반면에 자동차의 엔진에 쓰이는 방식을 **내연기관**이라고 하는데, 연료(석유)와 작동 유체(공기)가 같은 공간에 있다. 이러한 방식은 기관의 전체 부피가 작아지고, 단시간에 작동이 가능하며 출력의 세기를 다양하게 만들 수 있기 때문에 자동차, 비행기 등의 엔진에 사용된다.

외연기관은 연료와 산소 같은 산화제, 그리고 기계적인 움직임을 만들어내는 작동 유체(예를 들면 수증기)가 분리되어 있는 반면에 내연기관에서는 연료와 산소, 작동 유체(예를 들면 공기)가 같은 공간에 존재한다.

호흡

자동차, 비행기와 같이 커다란 물체들이 움직이는 데 에너지가 필요하듯이, 사람의 몸도 활동하기 위해서는 에너지가 필요하다. 앞서 이야기한 대로 자동차가 에너지를 얻는 연소 반응은 산화-환원 반응의 일종으로 빠른 속도로 급격하게 일어나며 에너지를 방출한다. 인간의 몸속에서도 마찬가지로 산화-환원 반응을 이용해서 에너지를 생산한다. 다만 연약한 인간의 몸속에서 연소 반응과 같은 격렬한 반응이 일어나면 안 되기 때문에 좀 더 완만하고 느린 속도로 반응이 일어나 에너지를 얻게 된다. 살아 있는 사람이라면 누구나 해야 하는 이 과정이 바로 호흡이다. 호흡 과정은 쉽게 말하면 공기 중에 있는 산소를 가져와서 음식물과 같은 유기물을 산화시켜서 에너지를 얻는 과정이다.

> **유기물**
> 탄소를 기본 골격으로 하고 있는 물질들로 인간, 동물, 식물 등 모든 생명체는 유기물로 구성되어 있다. 음식물도 유기물이다.

연소 반응과 호흡은 둘 다 산화-환원 반응이지만 호흡이 세포 내에서 복잡한 여러 단계를 거쳐서 점차적으로 에너지를 얻는다는 점에서 다르다. 세포 내에서 일어나는 이러한 산화-환원 반응은 사실 상당히 복잡하기 때문에 이 책에서는 자세히 다루지 않는다. 간단하게만 설명하자면, 음식물을 통해 우리가 섭취한 탄수화물, 단백질과 같은 유기 물질은 소화 과정을 거치면서 좀 더 간단하고 작은 물질들로 분해된다. 이렇게 만들어지는 물질 중 대표적인 것이 피루브산pyruvate이라는 유기 물질이다. 피루브산은 몸 안에 들어온 당 성분이 변해서 만들어지는 물질로, **TCA 회로**(또는 시트르산 회로)라는 반응을 통해 결국 이산화탄소와 물로 바뀌고, 그 과정에서 에너지를 방출한다. 오른쪽의 TCA 회로의 반응을 살펴보면 굉장히 복잡해 보이지만, 핵심은 피루브산으로부터 시작해서 여러 단계를 거치면서 NAD^+라는 물질에 수소를 추가하여 $NADH_2$라는 물질을 만드는 데 있다. 이때 부산물로 이산화탄소(CO_2)도 생성된다.

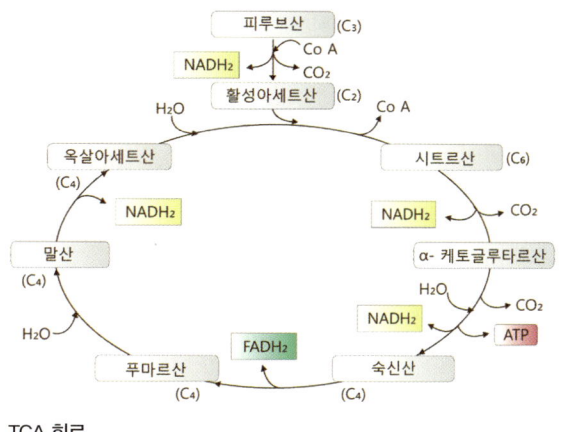

TCA 회로

NAD^+에 수소가 추가되었으니 앞서 이야기한 정의에 따르면 환원이 되었다고 할 수 있다. NAD^+가 환원되어(수소, 또는 전자를 받아) 만들어진 $NADH_2$는 높은 에너지를 가진 중간 매개체인데, 결국 산소에게 그 수소와 전자를 전달하면서(환원되면서) 물이 만들어지고, 그 과정을 통해 **ATP**라는 물질의 형태로 에너지를 만들게 된다(아래 그림). 최종적으로 산소가 전자와 수소를 받아들여서 환원되는 역할을 하기 때문에 우리가

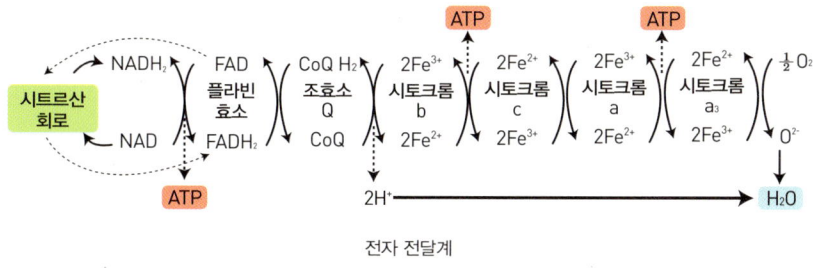

전자 전달계

TCA 회로(시트르산 회로)와 산소의 환원을 통한 에너지의 생산

하는 호흡을 **유산소 호흡**이라고도 부른다. 우리가 호흡을 통해 공기 중에 있는 산소를 들이마시는 이유는 결국 세포 내에서 산소를 사용해서 전자와 수소를 받고 에너지를 만들기 위해서이다. 굉장히 복잡한 과정을 거치면서 천천히 진행되지만 결국 산소는 환원되면서 다른 물질(음식물)을 산화시키는 결과가 된다.

무산소 호흡과 발효, 부패

인간과 같은 동물이 유산소 호흡을 한다면, 일부 미생물들은 산소가 없는 **무산소 호흡**을 한다.

미생물, 또는 박테리아는 맨눈으로는 관찰하기 힘든 작은 크기의 생물체를 일컫는 말로, 음식물을 부패시키거나 질병을 유발하는 등 안 좋은 일도 하지만, 대장균이나 유산균처럼 인간의 몸에서 이로운 일을 하거나 맥주나 와인의 발효처럼 인간 생활에 유용하게 쓰이는 경우도 있다.

유산소 호흡에서 산소가 전자와 수소를 받아들이는 역할을 하듯이, 무산소 호흡에서는 전자와 수소를 받는 역할을 산소 대신 질산염이나 황산염과 같은 물질이 한다. 유산소 호흡에서는 산소가 환원되고, 무산소 호흡에서는 질산염이나 황산염이 환원되는 역할을 하는 것이다. 인간과 같이 고등한 생물이 유산소 호흡을 하고, 미생물들이 무산소 호흡을 하는 데서 알 수 있듯이, 산소를 사용하는 유산소 호흡이 무산소 호흡보다 에너지 생산 면에서 효율적이다.

하지만 기본적인 목적이나 과정은 비슷하다고 할 수 있다. 바로 전자를 받아들여 환원되는 물질이 있고, 영양분을 산화시켜서 에너지를 얻는 것이다. 미생물이 무산소 호흡처럼 산소를 사용하지 않고 에너지를 생산하는 또 다른 방법이 있는데, 이를 발효라고 한다. 발효 과정은 호흡 과정에 비해 조금 더 간단하지만, 근본적인 목적은 마찬가지다. 바로 포도당과 같은 몸 안에 들어온 영양 성분을 분해해서 에너지를 얻는 것이다. 그런데 우리는 미생물들이 발효를 하면서 생기는 이러한 부산물들을 유용하게 사용할 수도 있다. 요구르트나 치즈, 김치 같은 발효 식품이 그 좋은 예라고 할 수 있다.

미생물의 호흡 작용을 이용한 발효 식품(치즈, 와인, 김치, 요구르트)

또 한 가지 대표적인 부산물로 술의 주요 성분인 알코올, 더 정확하게는 에탄올을 들 수 있다. 인간은 옛날부터 에탄올을 생산하는 미생물을 이용해서 술을 만들어왔다. 예를 들면 효모를 사용해서 보리나 포도를 발효시키면 에탄올이 만들어져서 맥주나 와인을 만들 수 있다. 미생물의 발효 과정에서 생기는 부산물로는 에탄올도 있지만 이산화탄소도 만들어진다. 빵을 구울 때 빵이 부푸는 것도 효모의 무산소 호흡을 통해 생성된 이산화탄소 기체 때문이다.

참고로 미생물의 활동을 통한 부산물이 인간에게 유용한 물질이면 발효라고 하고 해로우면 부패라고 한다. 하지만 이러한 구분은 인간의 입장에서 생각한 것이고 미생물의 입장에서 보면 근본적으로 발효와 부패는 같은 과정이라고 할 수 있다.

자동차	연료(석탄, 석유 …) $\xrightarrow{\text{연소}}$ 에너지 + 부산물(CO_2, H_2O …)
인간	음식(탄수화물, 단백질 …) $\xrightarrow{\text{호흡}}$ 에너지 + 부산물(CO_2, H_2O …)
미생물	영양분(탄수화물, 단백질 …) $\xrightarrow{\text{발효}}$ 에너지 + 부산물(CO_2, C_2H_5OH)

 석유의 연소, 산소를 이용한 호흡, 음식물의 발효 등이 산화와 환원 반응으로 설명될 수 있다는 것을 이해했을 것이다. 이러한 산화-환원 반응은 모두 전자의 이동으로 설명될 수 있고, 처음에 석유나 석탄과 같은 연료, 또는 음식물과 같은 유기 물질에 들어 있는 전자가 산소나 다른 물질로 이동하면서 그 과정에서 에너지가 방출되는 과정으로 요약할 수 있다. 산화-환원 반응은 연료를 연소하거나, 음식물에서 에너지를 얻거나, 발효음식을 만든다거나 할 때처럼 인간에게 굉장히 유용한 역할을 한다. 하지만 동시에 철에 녹이 슬거나, 화재나 폭발과 같은 사고의 발생, 음식물의 부패 등 인간에게 해롭거나 위험한 현상의 원인이 되기 때문에 산화-환원 반응을 잘 통제하고 조절하는 것이 매우 중요하다.

JUMP IN LIFE

전쟁을 연장시킨 과학자의 발명

문상흡

📖 암모니아 합성 공정, 질소고정법

전쟁을 지속시킨 화약의 힘

1914년 사라예보에서 오스트리아의 황태자가 암살을 당하는 사건이 기폭제가 되어 제1차 세계대전이 일어났을 때, 영국을 위시한 연합국 측은 이 전쟁이 1년 안에 자신들의 승리로 끝날 것이라고 장담했다. 그 이유는 전쟁을 일으킨 독일이 가진 약점을 영국이 속속들이 알고 있다고 믿었기 때문이다. 독일이 전쟁을 하려면 폭탄이 있어야 하는데 그 당시에는 **톨루엔**을 질산과 반응시켜 얻은 TNT Tri-nitro-toluene가 대표적인 화약이었다. 톨루엔은 독일이 가진 석탄에서 거의 무한정으로 얻을 수 있으나, 질산은 질소 산화물을 물과 반응시켜 얻어야 했다. 그런데 이 질소 산화물을 얻기 위해서는 칠레의 천연광석인 초석($NaNO_3$)을 원료로 사용하는 것이 거의 유일한 방법이었다. 당시에 영국은 막강한 해군력을 앞세워 오대양 육대주에 걸쳐 해가 지지 않는 대제국을 건설한 나라였다. 당연히 칠레에서 유럽 대륙으로 들어오는 초석의 해상무역도 영국이 장악하고 있었기 때문에, 전쟁이 터진 후 영국은 독일로 가는 칠레 초석의 공급을 차단하였다. 영국은 이미 독일에 유입된 초석의 양까지 상세하게 알고 있었기 때문에 그것

톨루엔(toluene)
벤젠의 수소 원자 하나를 메틸기로 치환한 화합물. 무색의 휘발성 액체로, 알코올·에테르에 녹고 물에는 녹지 않는다. 벤조산·염료 등을 만드는 데 쓰이며, 용제로도 사용한다.

칠레 초석 $NaNO_3$ (Chile saltpeter)
질산염 광물. 무색이나 흰색을 띠지만 나트륨의 불순물 때문에 적갈색, 노란색, 회색 등을 띠기도 한다. 칼리시층으로부터 추출하며 비료공업·요업공업·화학공업에 쓰인다.

으로 만들 수 있는 TNT의 양을 예측할 수 있었다. 계산 결과, 독일이 생산하는 TNT로 전쟁을 1년 이상 할 수 없다는 결론이 났던 것이다.

자체 기술로 TNT를 생산한 독일

그러나 영국의 예측과는 달리 제1차 세계대전은 1918년까지 약 4년간 지속되었다. 전쟁이 진행되면서 영국은 독일이 지금까지 알려지지 않은 획기적인 기술을 토대로 TNT를 생산하고 있다는 사실을 알게 되었다. 독일 칼스루에대학교의 하버Fritz Haber 교수가 발명한 **질소고정법**으로 공기 중의 질소에서 암모니아를 만들고, 이 암모니아는 다시 라이프치히대학교의 오스트발트Friedrich Ostwald 교수가 발명한 산화법에 의해 질산으로 만들어졌다. 독일의 대표적 화학공장인 바스프BASF는 보슈Carl Bosch 박사의 주도로 라인 강변에 이미 대규모의 공장을 건설하여 전쟁에 필요한 암모니아를 생산하고 있었다. 전쟁 중에 연합군은 이 암모니아 공장을 무수히 폭격하였으나 공장은 파괴되지 않았다.

질소고정법
(fixation of atmospheric nitrogen)
공기 속에 있는 질소를 원료로 암모니아·황산암모늄·질산 등 질소화합물을 만드는 과정으로 비료·화약 등의 제조 원료로서 중요하다.

전쟁이 끝나고 연합군이 바스프 공장을 점령하면서 이 기술은 전 세계로 퍼지게 되었다. 오늘날 인류는 하버가 발명한 **암모니아 합성법**의 혜택을 크게 입고 있다. 암모니아는 화약을 만드는 원료이지만 동시에 질소비료의 원료로도 사용되기 때문에, 인류는 값싼 비료를 사용하여 곡물의 수확량을 크게 늘릴 수 있었고 그것에 힘입어 많은 사람들이 식량난을 면할 수 있었다.

사실 공기의 약 80%를 차지하는 질소로부터 유용한 질소화합물을 얻으려는 연구는 하버의 발명이 있기 100여 년 전부터 많은 과학자들에 의해 이루어졌다. 그러나 질소가 매우 안정된 물질이기 때문에 이로부터 상대적으로 불안정한 화합물인 암모니아를 얻는 것이 매우 힘들었고, 그래서 대부분 학자들은 이를 불가능한 일로 여기고 포기한 상태였다. 이는 마치 오늘날 햇빛을 이용하여 물에서 수소를 분리하려는 연구와 비슷하다. 질소와 마찬가지로 물은 매우 안정되기 때문에 여기서 수소를 뽑아내는 일이 좀처럼 쉽게 이루어지지 않는 것이다. 아무튼 하버는 암모니아를 합성하는 새로운 방법을 발명하였고 그 덕분에 1919년에 노벨상을 받게 되었다. 그 발명의 내용은 과연 무엇이었을까? 지금부터 발명의 핵심 내용과 함께 이 공정을 실용화하는 데 사용된 몇 가지 주요 기술을 소개하겠다.

아래 사진은 하버가 1908년에 얻은 암모니아 합성법의 발명 특허를 바스프사에 설명하기 위하여 실험실에 설치하였던 장치이고 다음 페이지 그림은 이 공정을 간단히 도식화한 것이다. 장치도 간단하였지만 여기에 사용한 아이디어도 비교적 단순하였다.

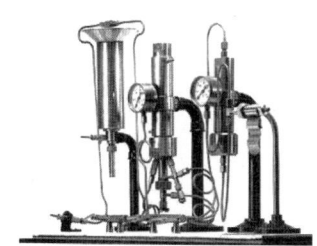

하버의 암모니아 합성장치

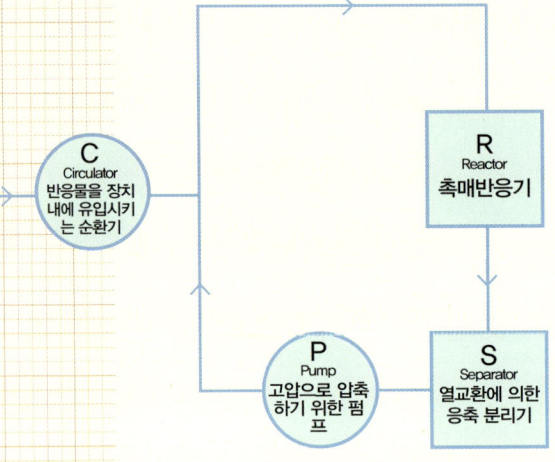

도식화한 암모니아 합성 공정

하버는 다음과 같은 네 개의 핵심 아이디어를 묶어 특허를 얻었다.

1) 고온 및 고압 반응
2) 생성된 암모니아를 냉각 후 분리
3) 반응하지 않은 반응물을 가열 후 재사용
4) 냉각 폐열 재사용

위의 특허를 적용한 하버의 실험

아이디어 1 질소와 수소에서 암모니아를 얻는 반응은 아래와 같다.

$$N_2 + 3H_2 \leftrightarrow 2NH_3 \text{(흡열 반응)}$$

이 반응은 정반응과 역반응이 모두 진행되는 **가역 반응**이므로 평형에 도달했을 때 반응계에는 질소, 수소, 암모니아가 모두 공존하게 된다. 그러나 화살표의 왼쪽에는 질소 분자 1개와 수소 분자 3개를 합쳐 모두 4개의 분자가 있는 반면에 오른쪽에는 암모니아 분자 2개가 있어, 압력을 높이면 반응이 오른쪽으로 더 잘 진행되리라 예측할 수 있다. 이처럼 압력이 높을 때 기체 분자 수가 감소하는 쪽으로, 온도가 높을 때 발생하는 열량이 감소하는 쪽으로 반응이 진행된다는 법칙을 **르샤틀리에의 법칙**Le Chatelie's principle이라고 부른다. 오늘날에는 잘 알려진 법칙이지만 하버의 시대에는 새로운 이론이었다. 그는 이 법칙에 따라 반응을 고온과 고압에서 진행했다.

> **가역 반응(reversible reaction)**
> 화학 반응에서 정반응과 역반응이 함께 일어나는 반응. 가역 반응이란 화학 평형이 유지되는 반응이라고도 할 수 있다.

아이디어 2 하버는 평형 상태에서 얻을 수 있는 암모니아의 양을 이론적으로 계산하였는데 그 양이 매우 적어서 이를 경제적인 규모로 생산하기에 크게 부족하였다. 그래서 반응으로 얻은 소량의 암모니아가 포함된 기체 혼합물을 낮은 온도로 냉각시킴으로써 그 중의 암모니아만을 액체로 응축하고 이를 기체에서 분리하였다.

아이디어 3 암모니아가 분리된 기체 혼합물 중에는 반응하지 않은 질소와 수소만이 남게 되는데 이들을 다시 반응에 사용하기 위하여 높은 온도로 데워서 반응기로 되돌아가게 하였다.

아이디어 4 암모니아를 응축하기 위하여 고온의 반응 혼합물을 냉각할 때 밖으로 빼낸 열을 버리지 않고 다시 반응물을 가열하는 데 사용하면 전체 공정의 에너지 소비량을 줄일 수 있다. 하버는 이를 위하여 냉각기와 가열기 사이에 열을 주고받을 수 있는 열교환 장치를 설계하였다.

앞에서 설명한 것처럼 하버는 간단하지만 평범한 생각들을 매우 현명하게 엮음으로써 인류를 구원하는 발명을 할 수 있었다. 사실 위의 아이디어들은 오늘날 화학공장을 설계할 때 매우 흔하게 사용되고 있다. 르샤틀리에의 법칙이 널리 쓰인다는 것은 위에서 언급하였다. 반응의 생성물을 응축·분리하고, 반응을 촉진하기 위하여 반응 온도를 높이며, 또한 열교환기를 이용하여 폐열을 회수·활용하는 것도 공정 설계에서 많이 쓰이는 방법이다.

암모니아 합성의 대중화

하버의 발명은 매우 참신하였지만 이를 실용화하는 과정에서 많은 난관이 있었다. 그러나 이 난관들은 두 명의 걸출한 과학자 보슈와 미타슈Alwin Mittasch에 의하여 극복이 되었다. 첫 번째 난관은 암모니아의 생산을 위하여 압력 200기압, 온도 500℃ 이상을 견디는 대규모의 반응기를 설계하는 문제였다. 이 반응기 속에는 뜨거운 수소가 압축되어 있기 때문에 만일, 이것이 밖으로 새어나온다면 공기 중의 산소와 격렬하게 반응을 하게 되므로 대형 폭발사고를 면할 수가 없었다.

실제로 바스프에서는 공정개발 초기에 한 달이 멀다하고 반응기가 폭발하는 사고가 일어났는데, 이 문제는 결국 보슈가 새로운 반응기를 개발함으로써 해결되었다. 이 반응기는 단단한 **탄소강**으로 만든 반응기

암모니아 합성과 대중화에 크게 공헌한 하버, 보슈, 미타슈

의 내부에 비교적 부드러운 순수한 철로 얇은 코팅을 하고 반응기의 외부에는 작은 구멍들을 낸 것이었다. 이렇게 만든 반응기는 높은 압력과 온도를 견딜 뿐만 아니라 반응기 재질에 금이 가서 수소가 새는 문제를 해결해주었다. 보슈는 이 업적으로 1932년에 하버와는 별도로 노벨화학상을 받았다. 그 보슈가 만든 반응기는 지금도 바스프 공장 옆의 공원에 기념탑으로 서 있다.

> **탄소강(carbon steel)**
> 탄소 함유량이 2% 이하인 강(鋼). 성질은 탄소 함유량에 따라 다르며, 가공하기 쉽고 값이 싸 여러 가지 압연, 볼트, 너트 등에 널리 쓰인다.
>
> **오스뮴(osmium)**
> 은빛을 띤 잿빛 광택이 나는 백금족 원소. 금속 중 비중이 가장 크고, 백금족 원소 가운데 녹는점이 가장 높다. 전기 접점(接點) 재료나 만년필의 펜촉으로 쓴다. 원소 기호 Os, 원자 번호 76.

하버는 바스프사에 자신의 암모니아 공정을 설명할 때 반응을 위한 촉매로 오스뮴을 사용하였다. 후에 하버가 발명한 것으로 알려진 철 촉매는 당시에는 사용되지 않았는데, 사실 이 **촉매**는 바스프에서 보슈와 함께 일한 미타슈에 의하여 후에 개발된 것이다. 당시에 유럽에서 구할 수 있는 오스뮴의 양은 매우 적었기 때문에 바스프사는 이를 대체할 수 있는 값싸고 성능이 좋은 촉매를 개발해야 했다.

촉매는 자신은 변하지 않으면서 반응 속도를 빠르게 하므로 암모니아를 많이 생산하는 데 꼭 필요한 재료였다. 촉매가 좋은 성능을 가지려면 그 표면에 반응물이 적당한 세기로 흡착해서 반응이 쉽게 일어나야 하고 아울러 오래 사용하더라도 그 성능이 떨어지지 않아야 한다. 미타슈 박사는 2만 번이 넘는 실험을 통하여 이 조건을 만족시키는 철 촉매를 개발하였다. 이 촉매는 성능이 우수하고 수명이 길기 때문에 그로부터 거의 100년이 지난 오늘날에도 세계의 암모니아 공장에서는 당시의 것과 거의 같은 철 촉매를 사용하고 있다.

위에 설명한 세 학자의 발명을 살펴보면 그 내용이 새로운 물질을 합성하거나 그 특성을 규명하는 지식을 다루는 '화학'보다는 새로운 화학공장을 설계하거나 이에 필요한 장치와 재료의 개발을 다루는 '화학공학'에 가깝다는 사실을 알 수 있다. 그러나 이들이 발명을 할 당시에는 화학과 화학공학의 학문영역이 오늘날처럼 세분화되지 않았기 때문에 지금 화학공학으로 간주되는 내용도 모두 화학으로 분류되었다. 그래서 하버와 보슈 두 사람은 당시 기준에 의하여 노벨화학상을 받게 되었다.

석유가 점차 고갈되면서 인류는 조만간 석유위기 oil crisis를 겪으리라는 우려가 높아지고 있다. 사실 이와 유사한 위기의식이 19세기 후반에도 있었다. 당시에는 석유가 아니라 칠레 초석이 고갈이 되기 때문에 생기는 질소위기 nitrogen crisis였다. 이 소중한 질소화합물이 없으면 인류는 비료를 만들 수 없고 그렇게 되면 식량생산이 줄어들어 인구가 급격히 감소할 것이라는 우려가 높았다. 그러나 이 문제는 세 과학자의 발명으로 인하여 말끔히 해소되었다. 그들의 발명이 전쟁을 연장하여 많은 사람들이 죽게 하였으나, 이와 동시에 값싼 비료의 사용으로 인한 식량증산으로 더 많은 사람의 생명을 구하는 결과를 낳았다. 훌륭한 과학자의 업적이 인류의 운명을 크게 바꾼 예라고 하겠다.

제4장

다양한 모습의 물질들

김연아 선수가 얼음 위에서 넘어지지 않는 이유는?

박승빈

📖 액체와 고체, 물질의 상변화, 빙점 강하와 액체 고체의 변화

아놀드 슈왈제네거가 주연으로 나오는 영화 〈터미네이터〉에 **액체 금속** 군인이 나오는 장면이 있다. 상황에 따라 다양한 무기로 변신하는 액체 금속은 파괴되지 않고 계속해서 부활하면서 저항군의 지도자 존 코너를 괴롭힌다. 금속이 녹으면 액체 금속이 되는데 그렇게 되기 위해서는 높은 온도가 필요하다. 현실적으로 상온에서 금속은 액체와 고체로 상호 변환되지 않는다. 다음 표는 대표적인 금속의 녹는점이다. 녹는점이 낮은 수은 같은 금속은 상온에서 다양한 형태로 변형된다. 반면에 녹는점이 높은 텅스텐 등은 상온에서 고체로 존재한다. 따라서 액체 금속 군인

영화 〈터미네이터〉의 한 장면

액체 금속(liquid metal)
액체 상태인 금속. 수은 같은 금속의 액체 형태로, 자유 전자에 의한 금속결합이 응집력의 본질이며, 증발열, 표면장력 등이 분자성 액체의 수십~수백 배인 물질.

은 현실적으로 상온에서는 존재하지 않는다. 그러면 온도가 변하지 않고 일정한데 물질의 상태가 변하는 경우가 있을까? 답을 먼저 말한다면 '그렇다'라고 할 수 있다.

	녹는점(℃)	끓는점(℃)
알루미늄	660	2519
알루미나	2072	2977
금	1064	2856
구리	1085	2562
주석	232	2602
철	1538	2862
수은	−38.8	356.7
물	0	100

몇 가지 순수 물질의 녹는점과 끓는점

김연아 선수의 스케이팅이 가능한 이유는?

예를 들어 물은 섭씨 0℃에서 얼음으로 변한다. 그러나 이는 어디까지나 대기압하에서 그런 것이지 얼음에 가해지는 압력이 달라지면 얼음이 되는 온도도 달라진다. 피겨 스케이터 김연아 선수가 우아하게 트리플 점프를 하고 얼음 위에 사뿐히 내려앉는 비밀이 여기에 있다. 즉 얼음에 가해지는 압력에 따라서 얼음이 녹는점(어는점)이 변하게 된다. 칼

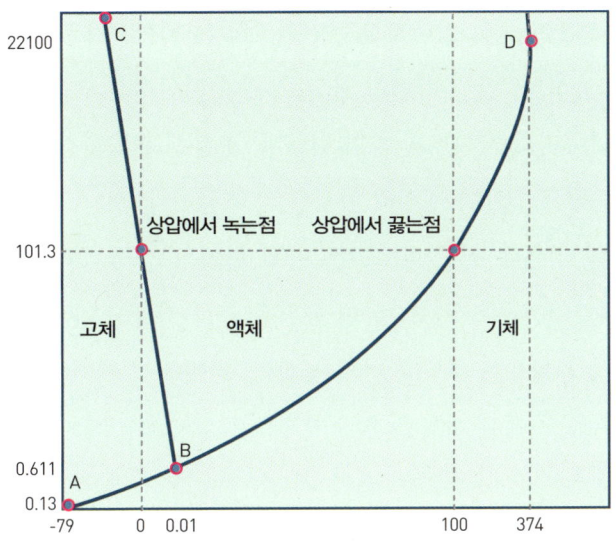

압력에 따른 상변화 온도 변화

처럼 얇은 스케이트 날이 닿는 순간 얼음에 가해지는 **압력**은 상상을 초월할 만큼 높다. 압력이란 단위 면적당 가해지는 힘이다. 김연아 선수의 체중을 50kg이라고 가정하고 스케이트 날의 면적이 아주 작은 것으로 고려하면 점프 후 김연아 선수의 스케이트 날은 상상을 초월하는 높은 압력으로 얼음 위에 떨어지게 된다.

위의 그래프에서 보듯이 압력이 높아지면 스케이트 날이 닿는 순간 높은 압력으로 인해서 얼음이 물로 변한다. 즉 얼음이 어는점이 낮아진다. 그리고 스케이트 날이 수상 스키처럼 물 위를 미끄러지면서 안전하게 활강을 하게 된

김연아 선수의 우아한 스케이팅

제 4 장 다양한 모습의 물질들

다. 만일 얼음이 물로 변하지 않는다면 어떻게 될까? 기본적으로 스케이팅은 불가능하다. 만일 바람이 불고 기온이 떨어져서 얼음판 위의 온도가 너무 낮다면 스케이트를 타기 힘들다. 충분히 활강할 수 있도록 윤활유 작용을 하는 액체가 생성이 되지 않기 때문이다.

그렇다면 기름을 칠한 매끄러운 마루 위에서 스케이트를 탈 수 없는 이유는 무엇일까? 스케이트 날이 윤활유 층을 지나서 마루 위에 도달하면 더 이상 윤활유는 역할을 하지 못한다. 따라서 스케이트 날과 마루가 직접 접촉을 하면서 마찰을 일으키게 되므로 스케이팅이 불가능하다. 이에 반해 얼음은 스케이트 날이 지나가면서 지속적으로 윤활 작용을 하는 액체를 만들어내므로 스케이팅이 가능하다.

앞의 그래프에서처럼 얼음에 가해지는 압력이 높아지면 어는점이 낮아져서 얼음이 물로 변한다면, 얼음 위에 가는 철사를 걸고 무거운 추를 달아 얼음을 반으로 쪼갤 수 있을까? 결과를 살펴보자. 철사에 매단 추의 무게가 충분히 무거우면 가는 철사를 통해서 얼음에 전달되는 압력도 충분히 커진다. 따라서 얼음이 녹기 시작할 것이다. 물론 금방 녹는 것이 아니고 적당한 시간이 지나야 한다. 얼음이 녹으면서 철사는 얼음 속으로 들어가게 된다. 그러나 철사가 파고 들어간 길을 따라 다시 얼음이 만들어지므로 실제로 얼음이 반으로 갈라지지 않고 철사 줄만 얼음을 통과하는 마술 같은 일이 발생한다.

할아버님 댁에 염화칼슘 뿌려드려야겠어요

압력이 변하면 얼음이 어는점이 달라진다는 것을 앞에서 알아보았다. 그렇다면 압력이 변하지 않으면서 얼음이 어는점이 달라지는 경우는 없을까? 물론 그런 경우가 있다.

노인들이 넘어져서 골절상을 입는 낙상 사고는 노인의 주요한 사망 원인 중 하나이다. 특히 겨울철에 길이 미끄러울 때 낙상 사고가 일어날 확률이 매우 높다. 그리고 한 번 넘어진 사람은 또 넘어질 확률이 현저하게 높다고 한다. 이런 사고를 막기 위해 꽁꽁 얼어 미끄러운 길에는 얼음이나 눈을 녹이는 **염화칼슘**을 뿌린다. 염화칼슘은 어떻게 눈을 녹일까? 원리는 간단하다. 염화칼슘이 물 분자가 가까워지는 것을 방해하기 때문이다. 즉 압력의 변화가 없어도 물 분자 간의 거리를 멀게 유지해 얼음이 어는점을 낮출 수 있다. 염화칼슘의 양이 많을수록 그에 비례해서 물이 어는점은 더 떨어진다. 그렇다고 해서 무한히 떨어지는 것은 아니고 여기에도 한계가 있다. 그러므로 한겨울에는 할아버님 댁에 건강식품을 보내드리는 것보다 눈을 녹일 수 있는 염화칼슘 한 포대를 선물하는 것이 더 나을지도 모른다.

만원 지하철에서 손님과 손님 사이의 거리가 일정해지는 이유

지하철에서 사람과 사람 사이의 거리를 관찰해보면 물질의 **상변화**와 비슷하다는 것을 알 수 있다. 예를 들어 아침 출근길처럼 지하철에 승객

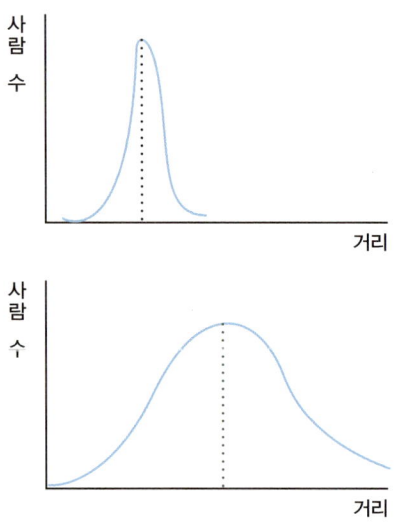

지하철 승객 수에 따른 승객 간 평균거리 및 거리 분포(위의 그림은 승객 수가 많은 경우이고, 아래 그림은 승객 수가 적은 경우이다).

이 적절히 많은 경우에, 서 있는 승객 간의 거리가 매우 가깝지만 서로 몸과 몸이 닿지 않는 수준에서 거리를 유지한다. 특별히 연인 사이가 아니라면 서로 모르는 사람과 몸이 부딪힐 정도로 서 있을 이유가 없다. 만일 연인도 아니고 아는 사람도 아닌데 몸이 닿을 정도로 가까이 서 있다면 그 사람은 치한이거나 소매치기가 아닐까 의심해볼 만하다. 물론 이 단계를 지나 진짜 만원인 지하철에서는 몸과 몸이 닿는 경우도 있다. 이 경우에는 특정한 사람만 닿는 것이 아니라 모든 승객이 서로 몸이 닿는 상황이 생긴다.

위의 그래프는 지하철 전동차 내에 서 있는 승객 간의 거리에 따른 승객의 분포를 나타낸 것이다. 전동차 내의 승객의 수가 증가함에 따라 승객 간의 평균 거리는 점점 줄어들면서 동시에 거리의 분포가 좁아지는 것을 알 수 있다. 분자의 세계도 마찬가지이다. 기체는 **밀도**가 낮고 분자 간의 거리가 먼 경우이다 즉 이른 새벽이나 밤늦은 시간의 지하철을 상상하면 된다. 고체는 만원 지하철과 같다. 승객이 꽉 차서 승객과 승객 간의 거리가 가까워지고 거리가 일정해진다. 서로 알고 지내는 사람이 아니라면 사람과 사람 사이에도 적절한 수준의 경계심이 있듯이 분자도 거리가 가까워지면 밀어내는 성질이 있다. 따라서 고체가 원자와 원자 사이의 거리가 일정해지는 원리와 만원 지하철의 승객과 승객 사이가 일정해지는 것은 동일한 원리이다.

JUMP IN LIFE

태양열로 난방이 아니라 냉방을 한다고요?

박승빈

📖 물질의 상태 변화에 따른 에너지 이동

식물은 어떻게 한여름의 태양을 이겨내고 더위를 견딜 수 있을까?

직사광선이 내리쬐는 운동장에서 땀을 흘리며 축구하던 지성이는 쉬려고 나무 그늘로 가서 앉았다. 그늘은 시원하고 바람이 살살 불어 금세 땀이 식었다. 그런데 문득 지성이는 궁금해졌다. 시원한 그늘을 만들기 위해서 나무는 머리 위에서 이글거리는 강렬한 태양을 견뎌야 한다. 그런데 나무는 왜 더위를 느끼지 않는 걸까? 나무는 사람처럼 감각기관이 없으니 더위를 느끼지 못한다 하더라도 생물체이므로 온도가 높으면 탄소동화작용이나 세포분열에 의한 생장 등이 불가능해지는 게 당연하지 않을까?

태양빛이 없으면 식물이 자라지 못하고 지구에는 추운 겨울이 일 년 내내 계속될 것이다. 그렇다고 해가 쨍쨍 내리쬐는 중동의 사막은 식물이 자라거나 사람이 살기에 적합한 곳은 아니다. 식물이 생장하려면 적절한 수준의 햇빛이 적절한 시간 동안 비추어야 한다.

식물은 태양이 내리쬐여도 증발 작용을 통해서 스스로 생명을 유지할 수 있을 정도의 온도를 조절한다. 그러기 위해서는 물이 지속적으로 뿌리를 통해 공급되어야 한다. 이러한 식물의 지혜를 빌리면 태양열을 이용한 냉방기를 만들 수 있다. 단 식물의 경우에는 물을 증발시키면서 자신의 온도를 낮추듯이, 태양열 냉방은 태양열로 물을 증발시키는 것은 동일하지만 실제로 방 안의 온도가 낮아지는 과정은 조금 차이가 있다.

태양열을 이용한 냉방

태양열을 이용한 냉방 방식은 크게 흡착식과 흡수식 두 가지 방식이 있다. 흡착식 냉방은 오른쪽 그림과 같은 방식으로 이루어진다. 건조한 공기에 물을 물방울 형태로 분산시키면 물이 증발하면서 공기의 온도가 떨어지고 그 대신 공기 중 습도는 높아진다. 이때 지속적으로 온도를 낮추기 위해서는 어떻게 해야 할까?

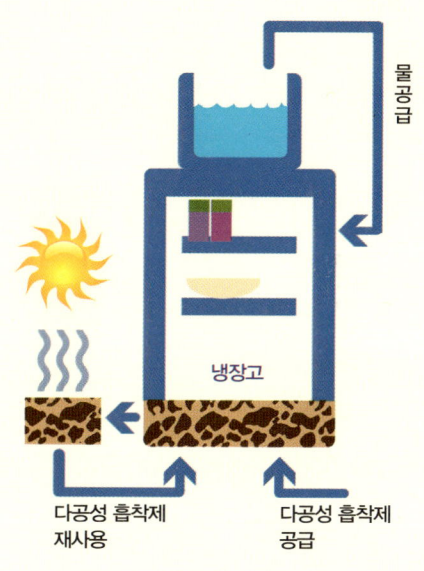

다공성 흡착제를 사용하는 태양열 냉방 시스템 개념도

일단 공기 중의 수분을 없애야 한다. 수분을 없애기 위해서 **실리카겔** 혹은 **제올라이트**라고 하는 **다공성 흡착 물질**을 이용한다. 이 물질은 수많은 기공을 포함하고 있어서 기공들을 펼쳐놓으면 마치 1g당 수백m²의 운동장 같은 넓이가 된다. 따라서 1g정도의 흡착제가 수백m²에 해당하는 수분을 흡착하게 되는 것이다. 따라서 넓은 면적의 물 분자들이 흡착되어 수분이 쉽게 제거되는 것이다. 냉장고의 경우 다공성 흡착제에 지속적으로 물이 흡착되고 냉장고 안의 물이 계속 증발하면서 냉장고의 온도가 떨

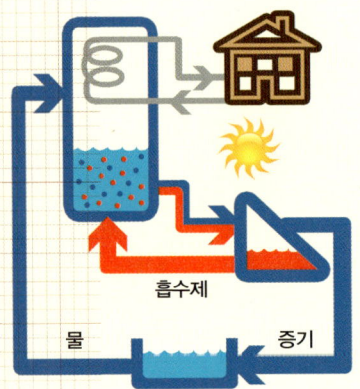

액체 흡수제에 의한 태양광 냉방 시스템 개념도

어진다. 그런데 다공성 흡착제에 흡착되는 물의 총량에는 한계가 있다. 지속적으로 냉방을 하려면 수분으로 꽉 찬 다공성 흡착제를 새로운 다공성 흡착제로 바꿔야 한다. 수분으로 꽉 찬 다공성 흡착제는 어떻게 처리할까? 버려야 할까? 아니다. 태양열을 이용해서 흡착제에 꽉 차 있는 수분을 제거하고 다시 사용하면 된다. 이 방법은 식물이 뿌리를 통해 물을 계속 공급 받고 이 물이 태양열에 의해서 증발하면서 식물의 온도가 낮아지는 대신, 태양열 냉방은 물이 흡착제로 이동하는 과정에서 증발하면서 온도가 낮아진다는 점에서 차이가 있다.

다공성 흡착제는 사람이 계속 바꾸어주어야 하는 불편이 따르기 때문에 물을 제거하는 방법으로 다공성 흡착제 대신에 흡수제를 사용하여 자동으로 태양열 냉방을 하는 흡수식 냉방 방법이 있다. 왼쪽 상단 그림처럼 일단 물을 진공 속으로 팽창시켜 수증기를 만들면 증발열만큼의 에너지가 제거되므로 온도가 내려간다. 이때 열교환기를 통해 실내 공기가 냉각되어 실내로 공급된다. 증발된 수분은 다공성 흡착제 대신에 **리튬 브로마이드 용액**에 흡수되어 태양열 공급기로 들어간다. 여기에서 태양열에 의해 물이 증발되면

> **리튬 브로마이드 용액**
> **(LiBr 용액)**
> 리튬과 브롬의 화합물로 독성이 없으며 식염과 비슷하다. 강한 흡수력이 있어 에어컨 등에 흡습제, 건조제 등으로 이용된다.
>
> **냉매**
> 냉장고 에어컨 등에 사용되는 액체로 열교환기에서 열전달을 중개해준다.

서 리튬 브로마이드 용액과 분리가 일어난다. 증발된 물은 응축기에서 응축되어 다시 진공으로 유지되는 열교환기로 공급된다. 물이 다시 진공 속으로 팽창하면서 수증기가 되는 과정을 반복하면서 냉방을 하게 된다.

앞에서 설명한 흡착제를 사용하는 태양열 냉방 방식은 태양열 이외의 에너지를 외부에서 공급할 필요가 없기 때문에 전기가 없는 지역에서 의약품이나 음식을 보관할 때 사용이 가능하다. 흡수제를 쓰는 방식은 냉매를 순환시키는 펌프와 진공을 만드는 데 전기가 필요하므로 전기가 없는 지역에서는 사용이 불가능하다.

이와 같이 태양열을 이용해 냉방을 하는 경우에는 우리가 집에서 사용하는 에어컨처럼 냉매를 압축하고 팽창시키는 압축기를 돌리지 않기 때문에 전기의 사용이 거의 필요 없다. 따라서 이산화탄소 발생량이 적은 친환경적 냉방 기술이라고 볼 수 있다.

하지만 이런 친환경적인 냉방 장치는 아직 널리 보급되지 않았다. 그 이유는 냉매와 압축기를 사용하는 냉방 기기에 비해 성능이 떨어져서 대형 매장이나 큰 아파트에는 사용할 수가 없기 때문이다. 아울러 유지 보수비용이나 운전비용도 현재로서는 기존 냉방 기기에 비해 크게 유리하지 않다. 그러나 이산화탄소 발생에 따른 기후 변화 문제와 화석연료의 고갈 문제 등을 생각하면 향후 태양열 냉방 시설에 더 많은 투자가 필요하다.

부드럽고 고소한 지방의 두 얼굴

성종환

📖 지방의 구조와 성질, 지방의 역할, 비만

먹을 거리가 풍부한 현대인의 가장 큰 관심사 중 하나는 웰빙과 다이어트일 것이다. 현대인은 날씬한 몸매에 대한 열망이 지나쳐서 비만한 사람들이 나태하다고 생각하기도 하고, 심지어는 거식증으로 인해 사망하는 패션모델까지 있었다. 이러한 사회적 경향 때문에 우리가 먹는 음식물에 포함된 지방이나 기름 성분은 몸에 좋지 않은 '나쁜 성분'으로 매도당하기도 한다. 물론 과도한 지방 섭취, 특히 몸에 좋지 않은 지방은 비만의 원인이 되고 당뇨병, 심장병, 고혈압과 같은 각종 성인병을 유발하지만, 사실 지방은 우리 몸이 정상적으로 활동하는 데 필수적인 성분이다. 지금부터 식용유, 올리브유, 버터, 마가린, 비계, 오메가-3 등 우리가 주변에서 흔히 접하는 지방과 기름이 어떤 물질이고 어떤 종류가 있는지, 또 우리 몸에서 어떤 기능을 하는지에 대해서 이야기해보도록 하자.

비만과 진화론

사실 비만과 다이어트의 문제는 찰스 다윈Charles Darwin의 진화론과 밀접한 관련이 있다. 찰스 다윈은 19세기 영국의 생물학자로 『종의 기원』이라는 책을 써서 **자연선택**을 통한 생물의 진화 과정을 설명하였다. 생물체가 살아남고 번식을 해서 자손을 남길 수 있느냐 하는 것은 주위 환경과의 관계가 중요한 역할을 하는데, 자연선택이란 주위 환경에 따라 생존하기에 적합한 성질 또는 기능을 가진 종들이 그렇지 못한 종들보다 더 잘 살아남게 되어 자손을 남기게 된다는 개념이다. 예를 들면 북극처럼 추운 지방에서는 털이 많고 지방층이 두꺼운 동물이 그렇지 못한 동물보다 추위에 더 잘 견디기 때문에 살아남기에 유리할 것이고, 오랜 시간이 지나면 모든 동물들이 추위를 견디기 적합한 모습으로 진화하게 되는 것이다.

약 100년 전만 해도 우리나라를 비롯한 전세계 대부분의 국가는 식량이 그리 풍족하지 않았다. 실제로 수십만 년 지속된 인류의 역사에서 인간이 매일 끼니 걱정을 하지 않고 살게 된 것은 최근 수십 년의 일이다. 먹을 것이 풍족하지 않은 상황에서 생존에 필수적인 능력은 다름 아닌 에너지를 몸 안에 축적하는 능력이

진화론을 주장한 다윈

었다. 지방은 1g당 9kcal의 열량을 보관할 수 있어서 다른 성분들보다도 에너지를 효율적으로 축적할 수 있다. 매일의 끼니가 불분명한 상황에서 음식이 생겼을 때 최대한 섭취해서 굶을 때를 대비하여 몸 안에 축적한다면 분명히 생존에 유리했을 것이다. 그러므로 인류는 이러한 축적 능력이 유전적으로 뛰어난 사람들이 그렇지 않은 사람들보다 상대적으로 더 잘 살아남았을 것이다. 그리고 그렇게 살아남은 자들의 후손인 현대인들이 달거나 기름진 음식을 본능적으로 좋아하게 된 것은 진화의 당연한 결과였다. 하지만 음식이 풍부한 현대 사회에서는 이러한 유전적 특성은 단점으로 작용하게 되었다. 지방이 풍부한 음식을 찾는 경향은 지나치게 지방을 축적하게 했고, 결국 부작용으로 이어졌다.

지방의 구조

이제부터 지방의 화학적 구조를 살펴보자. 지방의 화학적 구조는 여러 종류의 지방과 기름의 차이점을 설명하는 데 매우 중요하다. 지방은 마치 다리가 세 개 달린 낙지 모양이다. 머리 부분을 **글리세롤**glycerol이라고 하고, 세 개의 다리에 해당하는 부분을 **지방산**fatty acid이라고 한다. 즉 지방은 글리세롤 한 개에 세 개의 지방산이 연결된 구조이다. 다리에 해당하는 지방산은 탄소가 막대처럼 길게 연결되어 있고 그 주위를 수소 원자들이 둘러싸고 있다. 정확한 탄소와 수소의 개수는 지방산의 종류에 따라 달라지며, 지방의 경우 글리세롤의 모양은 항상 같지만 지방산의 종류가 달라지면 지방의 종류도 달라진다.

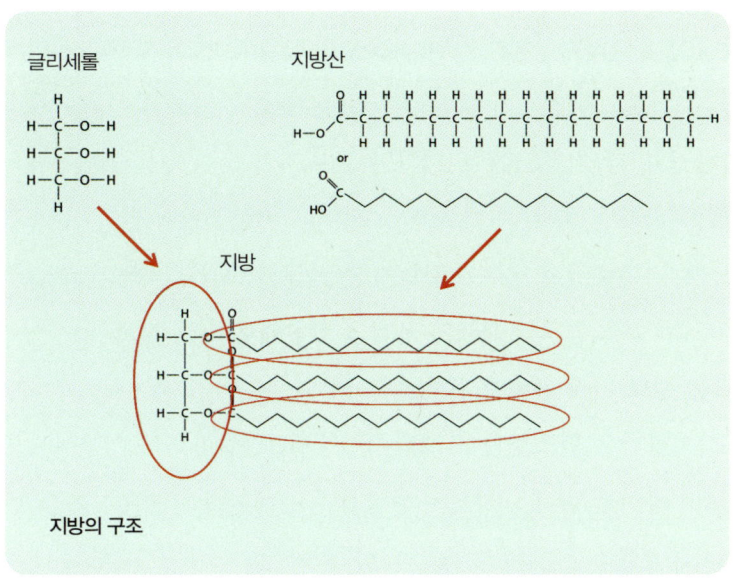

지방의 구조

우리는 흔히 성격이 너무 달라 친해지기 힘든 사람들을 물과 기름 같다고 한다. 물과 기름, 또는 지방은 화학적 성질이 달라서 서로 섞이지 않는다. 비 오는 날 물웅덩이 위에 기름이 떠 있는 모습이나, 바다에서 유조선 사고가 났을 때, 바다 위에 기름띠가 생기는 것도 그런 이유이다. 물과 비슷한 성질을 가져서 물과 쉽게 섞이는, 다시 말해 '물을 좋아하는' 성질을 **친수성**이라고 한다. 반대로 물과 잘 섞이지 않는, '물을 싫어하는' 성질을 **소수성**이라고 한다. 지방이 물과 섞이지 않는 이유는 지방을 이루는 주요 성분인 지방산이 소수성 물질이기 때문이다.

동물이나 식물에 존재하는 지방은 여러 가지 다른 모양을 가진 지방산이 섞여 있다. 물론 종류가 다른 지방산이라고 해도 모양이 완전히 다른 것은 아니다. 탄소와 수소로 이루어진 긴 막대 모양이라는 점은 모든 지방산이 동일하다. 여러 가지 지방산은 탄소와 탄소 사이의 결합의 종류와 수소의 숫자에서 차이가 난다. 모든 탄소와 탄소 사이의 결합이 **단일결합**이고, 각각 탄소에 두 개의 수소 원자가 붙어 있는 지방산을 **포화지방산**이라고 부른다. 반대로 탄소 사이에 **이중결합**이 있고, 수소 원자의 자리가 비어 있을 경우 **불포화지방산**이라고 부른다. 포화saturated라는 말은 모든 수소 원자의 자리가 포화되었기 때문이고, 불포화unsaturated라는 말은 수소 원자 자리가 덜 찼다는 의미이다.

포화지방산은 탄소들간의 결합이 모두 단일결합으로 이루어져 있고 불포화지방산은 하나 이상의 이중결합이 존재한다(그림에서 두 개의 선으로 이어진 것이 이중결합이고 하나의 선으로 이어진 것이 단일결합이다).

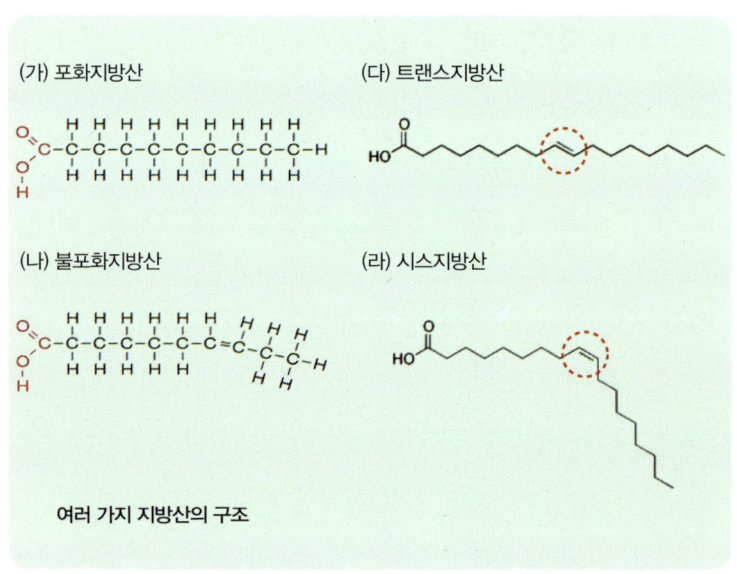

여러 가지 지방산의 구조

포화지방산과 불포화지방산

포화지방산은 버터나 비계처럼 딱딱하거나 고체인 지방이 많고, 불포화지방산은 식물성 기름처럼 부드럽거나 액체 성분의 지방인데, 그 이유는 두 가지 지방산의 화학 구조가 다르기 때문이다. 앞의 그림 (가)와 (나)에서 보듯이 포화지방산은 탄소간의 결합이 꺾이지 않고 똑바른 막대 형태인 반면에, 불포화지방산은 이중결합이 있는 곳이 꺾여 있다. 반듯한 막대 형태는 차곡차곡 쌓기가 쉬워서 구조가 단단한 고체를 형성하는 반면에 꺾인 막대는 차곡차곡 쌓기가 어렵기 때문에 구조가 느슨한 액체가 된다. 포화지방산이 많은 고기 기름을 냉장고에 넣어두면 딱딱하게 굳는 반면에 불포화지방산이 많은 식물성 기름이 액체인 이유가 바로 이 구조의 차이 때문이다. 흔히 포화지방산은 불포화지방산에 비해 건강에 좋지 않다고 이야기한다. 심혈관 질환, 당뇨병, 암, 알레르기 등에 영향을 준다고 알려져 있기 때문이다.

트랜스지방산과 시스지방산

트랜스지방산과 **시스지방산**은 둘 다 불포화지방산이다. 앞의 그림 (다)와 (라)를 보면 같은 수의 탄소들이 길게 연결되어 있고 중간에 이중결합이 하나 있는 것을 볼 수 있다. (다)와 (라)의 유일한 차이는 이중결합의 위치를 기준으로 탄소 사슬의 방향이 꺾이느냐 꺾이지 않느냐이다. (다)의 경우 이중결합의 양쪽에 있는 단일결합을 나타내는 막대기가 다른 방향으로 뻗어 있으며, 전체 사슬의 모양은 곧은 직선 형태이다. 마치 포화지방산과 비슷한 형태라고 할 수 있다. (라)는 이중결합 양쪽의 단일결합이 같은 방향으로 뻗어 있으며, 전체 사슬의 모양은 한 번 꺾인 직선 형태이다. (다)를 트랜스지방산, (라)를 시스지방산이라고 한다. (시스와 트랜스는 라틴어에서 유래된 단어로 시스cis는 '같은 쪽에 있는', 트랜스trans는 '다른 쪽에 있는'을 의미한다).

트랜스지방산은 불포화지방산의 일종이지만 긴 사슬 모양이 포화지방산과 비슷하기 때문에 성질이 포화지방산과 비슷하다. 아침식사로 빵을 먹으면서 버터나 마가린을 빵에 바를 때 고체가 아니라 액체로 되어 있다면 발라 먹기가 힘들 것이다. 트랜스지산은 포화지방산과 성질이 비슷하기 때문에 쉽게 고체 형태로 만들 수 있다. 또 불포화지방산은 포화지방산에 비해 쉽게 산소와 반응해서 **산패**하고, 액체라서 운반과 수송이 여러모로 불편하기 때문에 식품업계에서는 고체의 형태로 쉽게 만들 수 있는 포화지방산 형태를 선호한다.

불포화지방산을 포화지방산처럼 만들기 위해서는 인공적으로 높은 온도와 압력에서 수소를 첨가하는데, 이 과정에서 트랜스지방산이 생겨난다. 트랜스지방산은 보통 자연적으로는 만들어지지 않고 있어도 아주 적은 양만 존재한다. 하지만 트랜스지방산은 위와 같은 **수소 첨가 반응**에서 생겨나기도 하고 높은 온도에서 음식을 튀길 때에도 생겨난다. 트랜스지방산은 튀기거나 가공 과정을 거치는 케이크, 마가린, 쿠키, 도넛, 크림, 감자튀김, 피자 등에 포함되어 있다. 트랜스지방산은 포화지방산과 마찬가지로 건강에 좋지 않다고 알려져 있기 때문에 요즘은 가공식품에 트랜스지방의 함량을 꼭 표시하도록 규정하고 있다.

고기 기름에 존재하는 포화지방산은 자연에 존재하는 지방인 반면 트랜스지방은 인공적으로 만든 성분이기 때문에 사람의 신체를 심하게 교란할 수도 있다. 그럼에도 불구하고 트랜스지방이 지금까지 사용되어온 이유는 경제적으로도 값싸고, 운송 보관 등이 여러모로 더 효율적이기 때문이다. 하지만 소비자들의 건강에 대한 관심이 높아지면서 트랜스지방이 많이 든 음식은 기피하는 경향이 생겼다. 이런 변화 속에서 식품회사에서도 트랜스지방의 생성을 최소화하는 제품을 만드는 방법을 연구하고 있다.

트랜스지방이 든 음식(감자튀김, 쿠키, 케이크, 피자)

지방의 여러 가지 기능

지금까지 지방의 구조와 종류에 대해서 알아보았다. 이번에는 지방이 우리 몸에서 어떤 역할을 하는지 알아보자. 지방의 가장 큰 역할 중 하나는 에너지 저장이다. 앞에서 이야기한 것처럼 지방은 1g당 9kcal의 에너지를 축적할 수 있기 때문에 다른 물질보다 지방으로 에너지를 저장하는 것이 훨씬 더 효율적이다. 참고로 밥이나 빵을 구성하고 있는 주요 물질인 탄수화물은 1g당 4kcal의 에너지를 저장할 수 있다. 무게당 저장 에너지량으로 따지면 지방이 탄수화물보다 두 배 이상 효율적이라고 할 수 있다.

우리는 음식을 통해 활동하는 데 필요한 에너지를 얻는다. 인간은 생활에 필요한 에너지보다 많은 양을 섭취할 경우 영양분을 배설해버리지 않고 몸 안에 저축해둔다. 이때 남은 영양분은 지방의 형태로 변환해서 지방세포에 저장한다. 많은 현대인들의 배를 감싸고 있는 뱃살을 이루는 물질이 바로 지방세포에 저장된 지방이다. 인간은 섭취한 음식물에서 얻은 에너지 외에 더 많은 필요할 경우 그 지방을 분해해서 나오는 에너지를 사용하게 된다. 하지만 앞서 이야기한 대로 현대에는 영양분이 부족한 경우가 별로 없기 때문에 축적된 지방이 거의 소모되지 않는다. 특히 포화지방이나 트랜스지방과 같이 몸에 안 좋은 지방은 여러 가지 건강상 문제를 일으킨다.

지방의 또 다른 기능 중 한 가지는 우리 몸을 구성하고 있는 세포와 관련이 있다. 우리의 몸은 수많은 세포들로 이루어져 있다. 알다시피 우리 몸의 70%정도는 물로 이루어져 있고, 세포의 주요 성분 역시 물이라고 할 수 있다. 하지만 세포는 그 자체로 하나의 기능을 가진 개체이므로 세포 자신과 다른 세포, 또는 외부 환경을 구분할 수 있어야 한다. 하지만 모든 세포들은 물이 주요 성분이고, 세포의 외부 환경 역시 물이 많이 포함된 환경이라고 할 수 있기 때문에 구분을 짓는 것이 쉽지 않다. 물과 비슷한 성분의 물질이면 물에 녹아서 흩어지기 때문이다. 이때 필요한 것이 물과는 성질이 다른 기름 성분이다. 기름 성분은 물과 섞이지 않기 때문에 공간을 나누는 데 사용된다.

세포막의 원리를 설명하기 위해서는 지방과는 조금 다른 한 가지 물질에 대해 알아야 한다. 바로 **인지질**이라고 불리는 물질인데, 화학 구조는 지방과 상당히 비슷하다. 지방과 다른 점이 있다면 글리세롤 머리에 세 개의 지방산이 붙어 있는 지방과는 다르게, 두 개의 지방산만 붙어 있고 나머지 다리 하나에는 **인산염**이 붙어 있다는 것이다(오른쪽 그림(나)). 인산염은 소수성인 지방산과는 다르게 물과 친한 친수성 물질이다. 따라서 인지질은 친수성 물질과 소수성 물질이 한 분자 안에 같이 묶여 있는 특이한 물질이라고 할 수 있다. 친수성인 물질은 물과 쉽게 섞이려는 성질이 있고 소수성인 물질은 물과는 섞이지 않지만 비슷한 성질을 가진 기름과는 잘 섞이려고 한다.

> **인지질**
> 분자 안에 인산 에스터를 가진 복합 지질. 세포막을 형성 하고 신경 전달이나 효소계의 조절 작용에 중요한 역할을 한다.

(가) 세포와 세포막

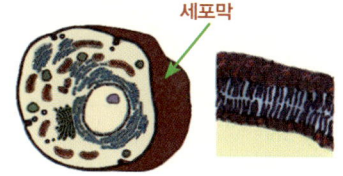

하지만 한 분자 안에 친수성 물질과 소수성 물질이 함께 붙어 있는 인지질은 두 부분이 분리되지는 못하고, 합쳐진 상태에서 친수성인 부분은 되도록 물에 가깝게, 소수성인 부분은 되도록 물에서 멀리 존재하게 된다. 이러한 원리로 인해 인지질을 물에 넣으면 소수성인 부분은 안쪽에 두고 친수성인 부분이 밖에 나오는 막과 같은 형태로 분자들이 스스로 배열된다(오른쪽 그림). 이러한 배열을 둥그렇

(나) 인지질의 구조

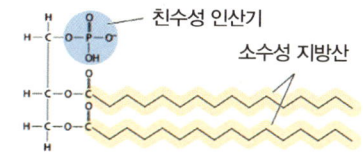

(다) 세포막의 형성

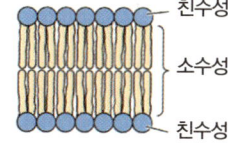

게 이으면 둥그런 모양의 세포를 감싸는 세포막이 완성되는 것이다. 다시 말하면 지방과 비슷한 구조를 가진 인지질은 친수성과 소수성 두 가지 성질을 모두 가지고 있다. 이로 인해서 물속에서 안정된 막 구조를 형성할 수 있으며 이를 이용해 물 성분을 가진 세포의 외부와 내부를 분

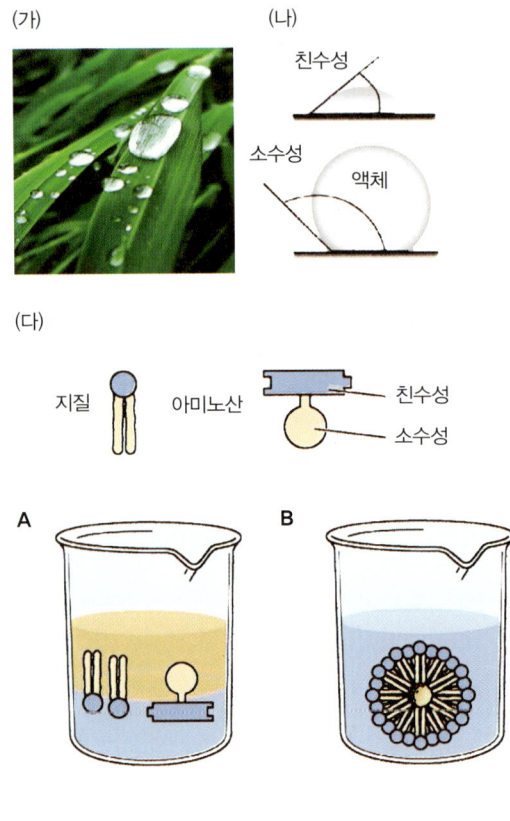

친수성과 소수성

리 가능하게 한다.

인체에서 지방의 세 번째 기능은 몸이 정상적으로 기능하는 데 필요한 여러 가지 물질들을 생산하는 데 원료로 쓰인다는 것이다. 우리 몸에 꼭 필요한 호르몬은 지방산을 원료로 만들어진다. 비타민은 크게 비타민 B, C처럼 물에 잘 녹는 수용성비타민과 기름에 잘 녹는 비타민 A, D, K, E와 같은 지용성비타민으로 나눌 수 있는데, 지용성비타민도 지방산을 원료로 만들어진다. 또한 지방의 중요한 기능 중 한 가지는 뇌 발달과 연관이 있다. 요즘 식품 중에 DHA를 첨가해서 뇌 발달에 좋다고 선전하는 식품이 시중에 많이 나오는데, DHA 역시 도코사헥사엔산docosahexaenoic acid의 약자로 지방산의 한 종류이다. DHA와 같은 지방산은 뇌세포, 또는 뇌세포를 보호하는 조직을 구성하는 주요 성분으로 특히 태아나 유아처럼 뇌가 발달하는 시기에 많이 필요하다.

이렇게 몸 안에서 중요한 역할을 하는 지방이지만 지나치면 문제가 된다. 너무 많은 양의 지방, 특히 몸에 안 좋다고 알려진 포화지방이나 트랜스지방을 섭취하게 되면 심혈관 질환, 암, 알레르기, 당뇨병과 같은 질병에 취약해진다. 이러한 질병들의 공통점은 서구 국가나 선진국에서 많이 나타나는 질병들이라는 점이다. 선진국에서는 상대적으로 먹을 거리가 풍부해 영양분을 과다하게 섭취할 가능성이 크기 때문에 이러한 질병이 높은 빈도로 나타난다고 할 수 있다.

여러 가지 지방(버터, 식용유, 고기의 지방, 아이스크림)

현대에 이르러 성인병을 일으키는 물질이라는 오명과는 달리 지방은 우리 몸 안에서 매우 중요한 역할을 수행하고 있으며 적당한 양의 지방 섭취는 건강한 몸을 위한 필수조건이라고 할 수 있다. 단지 풍족한 현대에는 지방을 과다하게 섭취할 가능성이 크므로 주의해서 음식을 섭취해야 한다. 무엇보다도 중요한 것은 내가 먹는 음식물에 들어가는 지방이 어떤 지방인지, 몸에 좋은 지방인지 아닌지를 잘 구별해서 섭취할 필요가 있다. 부드러운 버터를 바른 토스트, 달콤한 크림이 들어간 슈크림빵과 쿠키, 차가우면서 달콤한 아이스크림, 고소하게 씹히는 고기의 지방, 바삭하게 튀긴 감자튀김을 먹는 즐거움을 오래오래 누리기 위해서는 현명한 식생활을 유지해야 한다.

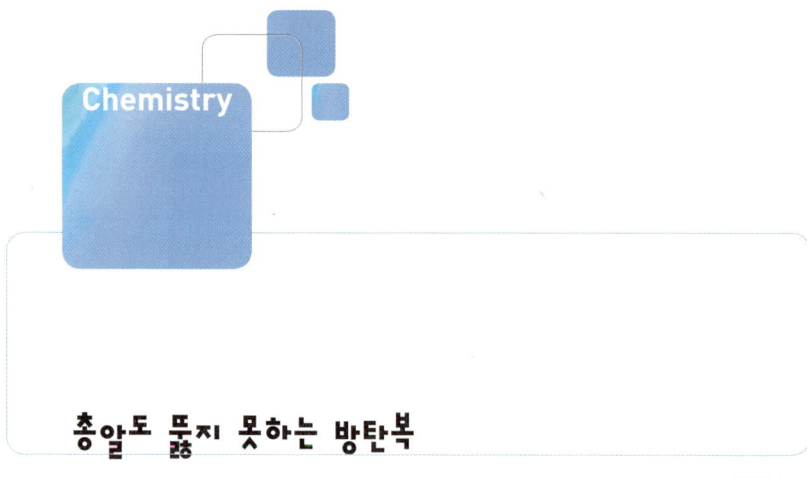

Chemistry

총알도 뚫지 못하는 방탄복

하창식

📖 액정의 개념과 원리, 액정의 용도, 특수 플라스틱

총알도 뚫지 못하는 방탄복

필자는 수사 영화나 액션 영화를 즐기는 편이다. 특히 수사 영화에서 총을 맞아도 끄떡없이 적들을 물리치는 주인공을 자주 볼 수 있다. 주인공이 총알도 뚫지 못하는 방탄복을 입고 있기 때문에 총을 맞아도 죽지 않는다.

일반적으로 옷을 만드는 섬유의 재료는 고분자이며, 고분자는 가볍고 튼튼하긴 하지만, 열에 약하고 더군다나 총알 같은 쇠나 금속보다는 약하다고 알려져 있다. 그렇다면, 수사 영화의 경찰관들이 입고 있는 방탄복은 도대체 어떤 재료로 만들기에 총알도 뚫지 못할까?

방탄복은 흔히 **케블라**kevlar라는 특수 섬유로 만든다. 유기 물질인 고분자를 총알보다 강도를 높이려면 결정도를 높이거나, 고분자를 녹인

다음 국수처럼 나오는 실을 길게 늘이는 **연신** 과정에서 아주 길게 연신해야 한다. 또 다른 방법은 고분자의 분자량이 매우 높을 때, 즉 초고분자량 고분자로 섬유를 만들면 매우 튼튼한 옷을 만들 수 있다. 또한 분자 구조상 **벤젠**과 같은 고리

> **방향족**
> 6개의 탄소 원자로 이루어진 고리 화합물. 고리가 안정되어 있어 첨가 반응이 쉽게 일어나지 않고 주로 치환 반응이 일어나는 유기 화합물이다.

모양의 분자들로 이루어진 고분자들은 막대와 같이 단단한 고분자라 하여 **막대형 구조 고분자**라고 하는데, 이것으로 섬유를 만들어도 고강도의 옷을 만들 수 있다. 그런 섬유 중에서도 방향족 폴리아미드(혹은, 간단하게 '아라미드'라 부름)라 부르는 분자 구조를 가지는 고분자가 고강도, 고탄성 섬유로서 가장 널리 쓰인다.

그중에서도 가장 유명한 고분자는 미국의 듀퐁사가 1972년 개발해 상품화한 케블라이다. 구조는 다음과 같다.

파라 아라미드(케블라)
폴리(파라 - 페닐렌 - 테레프탈아미드)/PPTA

그런데 이러한 막대형 고분자는 액정liquid crystal성을 갖는다고 한다. 오늘날 우리 주변에서 흔히 볼 수 있는 전자 제품에는 액정 표시장치(LCD)가 많다. TV나 컴퓨터 모니터는 물론이고, 스마트폰, 휴대전화, 전자시

계, 자동차 계기판 등, 대부분의 전자 표시판이 LCD로 되어 있다.

액정이란 액체와 고체 성질을 동시에 갖는 물질의 상태를 말한다. 액정은 액체 결정이라고도 하는데, 액체처럼 유동성이 있으나 결정의 특성인 규칙적인 구조를 어느 정도 유지하는 물질을 말한다. 얼음

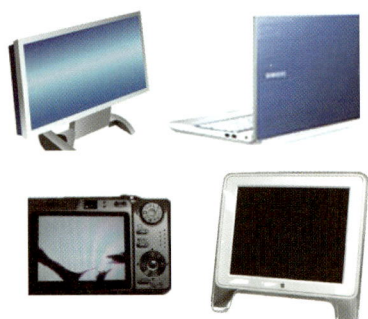

액정이 쓰인 제품들

은 고체이지만, 열을 가하면 바로 액체인 물로 변한다. 또한 보통의 고체들도 대부분 열을 가하거나 용매에 녹이면 액체가 된다. 그런데 어떤 물질들은 가열했을 때 바로 녹지 않고 결정성 고체에서 액정 상태(준결정 상태)가 되었다가 좀 더 가열하면 등방성 액체가 된다. 액정 상태는 결정만의 특성에 어느 정도 액체의 특성을 갖기 때문에 여러 가지로 독특한 성질을 갖게 된다.

> **등방성 액체**
> 물질의 방향이 바뀌어도 그 물리적 성질이 달라지지 않는 액체.
>
> **배향**
> 재료의 결정체 구조를 일렬로 정렬시키는 것을 말한다.

액정 상태를 유지하는 분자력은 매우 약하기 때문에 기계적 응력, 전자기장, 온도, 화학적 환경 등의 변화에 쉽게 영향을 받는다. 액정은 주로 스멕틱·네마틱·콜레스테릭의 세 종류로 분류된다. 스멕틱 액정은 가늘고 긴 막대 모양 분자들의 편평한 층으로 이루어져 있는데 분자들의 장축長軸은 층면에 수직으로 배향되어 있다. 각 층은 분자 1~2겹으로 되어 있고 각 층 안에 있는 분자들의 위치는 물질에 따라 규칙적이거나 불규칙적이다. 각 판은 판 사

이를 자유롭게 흐를 수 있지만 각 층 안의 분자들은 원래의 배향을 유지하며 층 사이를 이동할 수 없다. **네마틱 액정**도 장축들이 평행하게 배향되어 있지만 층으로 분리되어 있지 않으며, 장축들의 배향을 유지하면서 어느 방향으로든 자유롭게 움직인다. 네마틱 물질은 전기장과 자기장으로 연결 가능해서 전기가 통했다 통하지 않았다 하는 전기 스위치 역할을 할 수 있다. 이런 특성으로 인해 LCD 같은 곳에 기술적으로 응용된다.

뿐만 아니라 **콜레스테릭 액정**은 얇은 층을 형성하고 각 층은 한 겹의 분자로 이루어져 있다. 이차원 네마틱 구조로서, 각 층 안의 분자들은 장축이 층면에 배열되어 있고 각 축은 서로 평행하다. 특이한 광학 성질 중의 하나는 빛의 빔이 분할되는 현상인 **원편광 이색성**圓偏光二色性으로 한 파장은 원형으로 편광되고 다른 파장들은 반사된다. 그래서 백색광白色光이 콜레스테릭 액정에 조사되면 반사된 빔은 온도뿐만 아니라 입사된 빔의 각도에 따라 무지개 색을 나타내는 특성이 있다. 미세한 온도 변화를 색의 변화로 알 수 있으므로 이러한 성질은 피부 같은 표면의 온도 변화를 측정하는 등 여러 분야에 응용되고 있다.

> **원편광 이색성**
> (circular dichroism)
> 광학활성의 일종. 광회전성 물질을 원편광이 통과할 때 우회전과 좌회전의 원편광에 대한 흡수가 다른 성질 및 그 현상.

그런데 고분자의 세계에서도 액정의 성질을 갖는 고분자들이 있다. 이들을 액정성 고분자라고 부른다. 용액 또는 용융 상태일 때 액정성을 나타낸다. 구조적 특성상 벤젠 고리와 같은, 메소제닉 mesogenic이라 부르는 막대형 분자 부분과 그 사이에 공간 구실을 하는 $(CH)_n$ 분자, 즉 스페이서

spacer분자로 이루어지는데 이런 구조적 특징 때문에 대부분 액정성을 띠게 된다. 이런 액정성 고분자들은 분자 구조의 특징상 **탄성률**이 높고 고강도의 섬유가 되므로 스포츠용품은 물론, 우주선, 항공기 구조재 등에 이르기까지 널리 쓰인다. 또한 섬유강화 플라스틱과 같은 구조의 복합 재료에도 응용이 되며, 자동차, 전기 전자, 항공우주 분야에서의 슈퍼 엔지니어링 플라스틱으로 이용되고 있다. 물론 막대형으로 이루어진 구조적 특징과 액정 특성 때문에 강철로 만든 총알도 뚫지 못할 정도로 강한 섬유가 될 수 있다. 성냥개비 하나는 쉽게 부러지지만, 여러 개의 성냥개비를 다발로 묶으면 쉽게 부러지지 않는 것을 생각하면 막대형 분자 구조를 갖는 고분자가 왜 강한 옷을 만들 수 있는지 이해가 될 것이다.

케블라

그러나 케블라가 처음 개발되었을 때는 오히려 그 구조적 특징 때문에 고강도와 초내열성을 갖는 대신, 녹는 온도가 너무 높고 용해도가 나빠 가공하기가 힘든 단점이 있었다. 이런 문제를 해결한 것은 스테파니 크월렉Stephanie Kwolek 박사였다. 여성 과학자인 크월렉 박사는, 이 고분자의 용해도가 나빠 중합시 분자량이 채 자라기 전에 침전되는 사실을 깨닫고 이를 방지하기 위하여 **무기염**이 첨가된 극성 유기 용매를 사용하여 용해도를 개선시킴으로써 고분자량을 얻는 획기적인 방법을 발견하였다. 또한 합성 후에 이어지는 공정 단계는 더 획기적이라 할 수 있는데, 고분자 생성물을 분리·회수하여 황산에 어느 농도 이상으로 용해시켜 액정상을

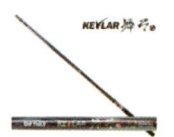

케블라를 사용한 제품들

형성시킨 후 연신 과정을 거치지 않고 직접 실을 뽑음으로써 고강도, 고탄성률의 섬유를 얻을 수 있었다. 오늘날 케블라로 방탄복을 만들 수 있게 된 결정적인 공헌을 한 셈이다.

케블라 섬유는 실, 펄프, 코드, 직물 등의 형태로 단독으로 사용되거나, 다른 고분자나 시멘트의 복합 재료에 보강재로서 사용되기도 한다. 케블라의 용도는 방탄복 및 방탄 헬멧 이외에도, 각종 자동차 및 산업용 벨트, 발암성 문제로 사용이 규제된 석면의 대체품으로서 대형 자동차 및 항공기 브레이크, 거대한 트랙터나 경주용 특수 차량 및 항공기의 타이어, 낚싯줄, 선박용 밧줄, 날카로운 물체로부터 몸을 보호하는 장갑 및 의복 등에 다양하게 활용된다.

케블라 섬유는 초고속통신망용 광섬유 케이블 시장에도 활용되고 있다. 광섬유의 정보 전달량은 기존 구리선의 약 1,000배 정도이다. 케블라 섬유는 광섬유 케이블의 강도 보강용 텐션멤버로 사용된다. 광섬유는 직경 0.1mm 정도로 매우 가늘어 **인장력**에 약하기 때문에 설치공사 중에 케이블을 끌어당겨서 인장 변형이 생겨 통신장애가 일어난다. 따라서 광섬유 케이블에 보강재를 사용해

인장력(引張力)
공간적으로 떨어져 있는 물체가 서로를 끌어당기는 힘과 물체 내의 한쪽 부분이 다른쪽을 임의의 면에 수직이 되게 끌어당기는 힘을 아울러 이르는 말.

야 하며 이러한 목적에 사용되는 보강재를 텐션멤버라 한다. 그뿐만 아니라 금속제 텐션멤버를 사용하면 매설공사 중 낙뢰落雷에 의한 케이블 손상 문제가 발생하기 때문에 비금속제인 케블라를 사용하는 게 훨씬 안전하다. 최근 휴대폰의 고성능화 및 대형 시장화에 따라 휴대폰에 사용되는 수지다층기판에 케블라가 사용되기 시작해 그 수요가 폭발적으로 증대될 것으로 예상된다.

한편, 일본 홋카이도北海道의 사로마佐呂間 호수에는 빙하氷河 유입 방지 시설이 설치되어 있다. 살로마 호는 가리비조개 양식이 유명한데 연간 6만 톤을 생산하고 있다. 그런데 최근 들어 지구온난화로 매년 1월에서 3월 사이에 빙하가 흘러들어 양식시설이 파괴되는 경우가 잦았다. 이 문제를 해결하기 위해 케블라를 사용해 울타리를 만들었다. 대형 부유체(직경 1.2m, 길이 3m)를 연결하고 수면 밑으로 4m 폭의 그물을 연결한 구조이다. 빙하의 유입을 막기 위해서는 상당한 저지력이 필요한데 강철 와이어를 사용하면 강철의 중량 때문에 초거대 부유체를 만들어야 물에 띄우고 해수에 의한 부식을 해결해야 하는 문제가 발생한다. 이 문제는 500톤이라는 엄청난 하중을 견디면서 가볍고 부식도 되지 않는 직경 13mm의 초극대 케블라 섬유를 사용함으로써 해결되었다. 이는 케블라의 고강도, 고탄성률이라는 특성을 이용한 아주 유익한 용도 개발의 경우라 하겠다. 이와 같이 케블라의 용도는 각종 산업의 발달과 맞물려 더욱더 확대될 것으로 예상된다.

삼투압의 원리와 스포츠 음료

박태현

📖 삼투압의 원리, 삼투압의 공학적 이용

우리는 섬 지방에 마실 물이 부족하다는 보도를 종종 듣는다. 언뜻 들으면 이상하게 들린다. 바다 한가운데 떠 있는 섬에 물이 부족하다니……. 섬에는 바닷물은 지천이지만 마실 수 있는 물은 별로 없다는 이야기이다. 바닷물 속에는 염분이 있어서 식수로 사용할 수 없다. 하지만 바닷물은 물속의 염분만 잘 제거하면, 식수로 사용이 가능하다. 바닷물에서 소금을 얻기 위해서는 물을 증발시키면 된다. 이때 증발되는 물을 모으면 물을 얻을 수 있지만 그 일이 그리 만만하지 않다. 그래서 과학자들은 역삼투라는 방법을 생각해냈다. **역삼투**란, 삼투 작용을 거꾸로 일으킨다는 말이다.

삼투와 역삼투

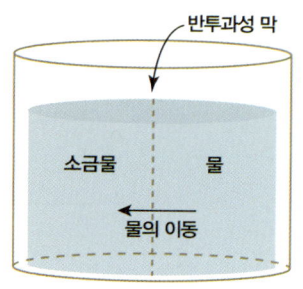

삼투압 원리(물이 소금물 쪽으로 이동)

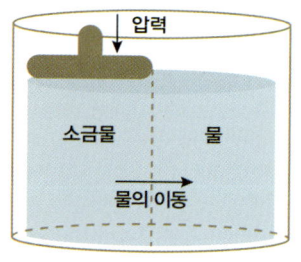

역삼투 원리

이미 우리가 잘 알고 있는 **삼투압**에 대하여 잠시 생각해보자. 삼투압을 설명할 때면 항상 소금물과 물이 **반투과성 막**으로 분리되어 그릇에 담겨 있는 왼쪽 상단의 그림을 예로 든다. 이 경우에 물이 반투과성 막을 통과하여 소금물 쪽으로 이동하는 현상이 발생하고, 이때 발생하는 압력을 삼투압이라고 한다. 삼투압이란 소금물과 물이 섞여서 평형을 이루려고 하는데, 소금 이온들(Na^+, Cl^-)이 반투과성 막을 통과하지 못하므로 물이 반투과성 막을 통과하여 소금물 쪽으로 이동하여 소금물을 묽게 하려고 발생하는 현상이다. 즉 물이 염분이 있는 쪽을 향해 이동해가는 현상이다.

만일 물이 반대 방향으로 이동하게 만든다면, 즉 소금물 쪽에서 물 쪽으로 이동하게 만든다면 바닷물에서 물만 뽑아낼 수 있게 될 것이다. 이렇게 물의 이동 방향을 거꾸로 향하게 만드는 것이 역삼투이다(그림 아래). 삼투 현상으로 발생하는 삼투압보다 더 큰 압력을 소금물 쪽에 가하면 물의 이동 방향이 반대로 바뀌어서 소금물 쪽에서 물 쪽으로 이동해 간다. 이와 같은 원리를 이용하면 바닷물로부터 물을 뽑아내는 해수의 담수화가 가능해진다.

사막에는 비가 거의 안 온다. 비록 해변에 위치한 지역이라도 물이 부족하다. 그런 곳에 도시를 만들고 공장을 짓기 위해서는 물이 필요하다. 공장을 돌리기 위해서도 많은 양의 공업용수가 필요하다. 바닷물로부터 사용가능한 물을 얻기 위하여 역삼투법이 이용된다. 바닷물로부터 엄청난 양의 공업용수를 얻기 위해서는 아주 넓은 면적의 반투과성 막이 필요하다.

표면적이 매우 넓은 막을 얻기 위하여 과학자들은 사람 몸속의 실핏줄을 모방하였다. 실핏줄은 우리 몸에 널리 퍼져 있어서 몸의 조직에 산소와 영양분을 매우 효율적으로 구석구석 전달해준다. 이와 같이 효율적인 실핏줄 형태에서 교훈을 얻어 고안한 것이 평평한 형태의 막을 대신할 가느다란 실관 형태의 막이다. 즉, 반투과성 막을 실관 형태로 만들어 수백, 수천 개의 실관 가닥을 실린더 형태의 통 속에 다발로 넣어 역삼투 여과장치를 만드는 것이다.

우리 몸의 탈수를 막기 위해서도 삼투 작용이 이용된다. 요즘은 스포츠 음료인 이온성 음료들이 개발되어 이용되지만, 과거에는 장거리 달리기를 할 때 탈수 현상을 방지하기 위하여 물과 함께 소금을 먹었다. 소금을 먹는 것이나 스포츠 음료를 마시는 것이나 모두 탈수방지와 갈증해소가 목적이다. 스포츠 음료의 개발은 우리 몸의 작은창자에서 몸의 조직 속으로 포도당이 흡수될 때 염분도 함께 흡수된다는 사실을 발견한 데서 기인한다.

앞에서 삼투 현상에 대해서 말했는데, 이것은 염분이 있는 곳으로 물이 따라가는 현상이었다. 즉, 탈수를 막기 위하여 우리 몸의 조직에 물을 잡아두기 위해서는 그곳에 염분이 먼저 가 있으면 되는 것이다. 그런

데 염분을 효과적으로 몸의 조직으로 이동시키기 위해서는 **포도당**이 함께 있으면 효율적이라는 사실이 발견되었고 그 결과 당분과 염분이 함께 들어 있는 스포츠 음료가 개발되었다. 따라서 스포츠 음료를 마시면 당분과 염분이 함께 창자에서 창자벽을 통해 몸의 조직 속으로 효과적으로 흡수된다. 이로 인해 삼투압이 유도되고 결과적으로 물이 염분과 당분이 있는 몸의 조직으로 이동해 탈수가 효과적으로 방지된다.

　이와 반대로 몸의 조직에서 작은창자 쪽으로 물이 과도하게 움직이면 설사가 유발되는데, 이 또한 삼투 작용에 기인한다. 우유를 마시면 제대로 소화시키지 못하고 설사를 하는 사람들이 이에 해당한다. 우유를 잘 소화시키는 사람은 작은창자로 들어온 우유 속의 **젖당**이 젖당 분해효소에 의하여 분해되어 창자벽의 실핏줄 속으로 흡수되어 온몸에 영양분으로 전달된다.

그러나 우유를 소화시키지 못하는 사람의 경우에는 젖당 분해효소가 분비되지 않으므로, 젖당이 분해되지 못한 채로 그대로 작은창자에 남아 있게 된다. 우리 몸의 조직 속에 있는 물은 이 젖당을 묽게 하려고 창자 내로 몰려들게 되는데, 이는 마치 물이 염분을 묽게 하려고 이동하는 것과 같은 현상이다. 결과적으로 창자 내에 물의 양이 빠른 속도로 증가해 설사가 유발된다.

이렇게 설사가 생길 때는 설상가상으로 방귀도 함께 동반되는 경우가 있다. 작은창자에서 소화되지 못한 젖당은 시간이 지남에 따라 큰창자로 내려온다. 그런데 우리의 큰창자에는 대장균이 서식하고 있고, 대장균에게는 젖당이 유용한 영양분이다. 따라서 대장균은 젖당을 섭취하고 이를 이용하여 대사 작용을 하는 과정에서 가스가 발생하게 되고, 이 가스가 방귀를 유발하는 것이다.

이렇게 설사가 일어나는 것도 고통스럽지만, 반대로 창자 내에 수분이 너무 결핍되면 또 다른 고통이 수반되는데 이것이 바로 변비이다. 변비를 방지하려면, 설사가 일어날 때와 같이 물이 창자 내로 몰려들게 하면 된다. 창자 내로 물이 몰려들게 하기 위하여 마그네슘 이온이 이용되는데, 이를 섭취하면 창자 내의 마그네슘 이온 농도가 증가하고 이를 묽게 하기 위하여 물이 창자로 이동해간다. 이와 같은 물의 이동은 변비의 고통을 해소해준다.

물의 특이한 성질

 이렇듯 물은 생명체가 살아나가는 데 있어서 중요한 작용을 한다. 물이 가지고 있는 특이한 성질 중의 하나는 4°C일 때 가장 밀도가 높다는 것이다. 거의 모든 물질들은 기체일 때보다는 액체일 때가, 액체일 때보다는 고체일 때가 밀도가 더 높다. 그런데 물은 특이하게도 고체인 얼음이 물보다 가벼워 물 위에 뜬다. 이와 같은 성질은 강물에 사는 물고기에게는 너무나도 중요하다. 만일 물도 여느 물질들과 같이 고체 상태의 밀도가 액체 상태의 밀도보다 크다면 어떤 일이 벌어질까?

 추운 겨울날 강이 얼기 시작하면, 차가운 공기와 맞닿아 있는 강의 표면부터 온도가 내려가 강의 표면에 얼음이 생기기 시작할 것이다. 그러나 얼음이 물보다 무겁다면 강 표면에 생긴 얼음은 강바닥으로 가라앉을 것이고 그렇게 되면 강바닥에서부터 점점 얼음이 얼어 올라오게 될 것이다. 강물에 사는 물고기는 얼음을 피해 점점 위로 올라오게 되어 결국은 얼음 위로 그 모습을 드러내 죽게 될 것이다. 그런데 다행히도 물의 밀도가 얼음의 밀도보다 높아서 강의 표면부터 얼음이 얼고, 이 얼음은 열전도를 차단하는 역할을 하여 강물의 온도가 낮게 내려가는 것을 막아준다. 그리하여 얼음이 어는 추운 날에도 강 밑에서는 물고기들이 유유히 헤엄을 치며 살아갈 수 있는 것이다.

 물의 독특한 성질은 이것만이 아니다. 물이 증발하면 수증기가 되는데 수증기는 공기보다 가벼워서 중력을 이기고 하늘로 올라간다. 하늘에서 작은 물방울로 엉겨 붙어 구름이 되고 물방울이 커지면 비가 되어 중력에 의해 땅으로 떨어진다. 물은 이와 같은 과정을 거쳐 생태계에

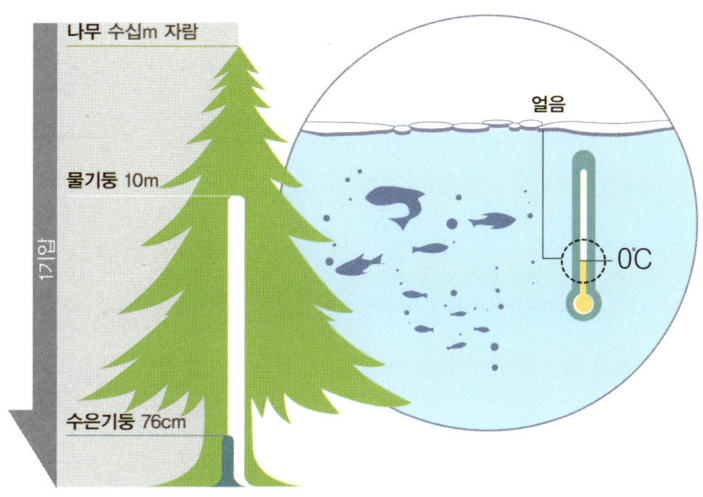

서 순환한다. 만일 수증기가 공기보다 무겁다면 물이 바다로 흘러가듯이 수증기도 중력 방향인 아래로만 내려가게 되어 대기 중에는 수분이 없어서 결국 비를 만들 수 없다. 이렇게 되면 지구상에는 어떤 생명체도 살아갈 수 없게 될 것이다. 물이 증발하면 하늘로 올라가는 현상도 우리에겐 너무나 다행이고 소중한 일이다.

 물은 또한 가는 관 속에서는 **모세관 현상**에 의해 위로 올라간다. 모세관 현상이란 액체가 가느다란 모세관의 벽에 부착하여 벽을 타고 올라가는 현상을 말한다. 이런 현상이 발생하지 않는다면 지구상에는 수십 미터까지 자란 식물이 존재하지 않을 것이다. 대기압은 1기압이고, 이 압력은 수은기둥으로는 76cm, 물기둥으로는 10m 정도에 해당한다. 따라서 아무리 강력한 진공펌프로 빨아올리더라도 물기둥이 10m 이상 올라갈 수는 없다. 그런데 미국의 세코이야 국립공원에 있는 나무들은 그 키가 수십 미터에 이른다. 이는 바로 모세관 현상에 힘입어 가능한 것이다.

인간을 포함한 지구상의 모든 생명체는 물 없이 살아갈 수 없다. 우주의 다른 행성에 생명체가 존재할 가능성을 판단할 때도 그곳에 물이 존재하는지 여부를 조사한다. 물을 마시기 위해 야생의 동물들도 강가로 몰려들고, 인류의 고대 문명도 강가에서 시작되었다. 물의 소중함은 아무리 강조해도 지나치지 않다. 과거에는 샘물, 우물물 혹은 지하수를 펌프로 퍼올린 물을 마시고 살았다. 돈을 주고 물을 사서 마신다는 것은 상상도 하지 못하였다. 그러나, 이제는 플라스틱 병에 담긴 생수를 사서 마시는 것이 일상이 되어버렸다. 돈을 주고도 물을 살 수 없는 세상이 되지 않기 위하여 우리는 소중한 물 자원을 잘 보존하여야 할 것이다.

제5장

물질 변화와 에너지,
화학 평형

JUMP IN LIFE

붉은 악마의 추억
— 엔트로피와 자유 에너지

노중석

📖 열역학 제1, 2법칙, 기브스 자유 에너지, 자발성

한 번 쏟아진 물은 다시 주워담을 수는 없다. 그것이 세상의 이치다. 그런데 그런 세상의 이치로는 이해하기 힘든 일이 우리나라에서 벌어졌다. 2002년 월드컵 경기에서 보여준 붉은 악마의 응원이 그렇다. 그럼 잠시 붉은 악마의 추억을 떠올려보자. 서울시청 광장을 비롯하여 전국 주요 도시의 광장을 붉게 수

한국인의 에너지를 보여준 붉은 악마의 응원

놓은 수십만의 응원 인파가 모인 것 자체가 불가사의한 일이었다. 게다가 그 많은 사람들이 경기가 끝나고 나서 쓰레기 한 점 남기지 않고 말끔하게 뒷마무리를 해 세계를 놀라게 한 것 또한 경이적인 사건이었다. 일단 그렇게 많은 사람이 한곳에 모이려면 엄청난 에너지가 필요하다. 사람들의 무리가 지나간 자리에 흔히 남게 되는 쓰레기가 흔적 없이 자취를 감추었던 것도 굉장한 에너지가 집중된 결과이다. 그것은 어떤 점에서 보면 세상의 이치와 어긋난 현상이다. 그런데 그런 에너지가 바로 우리 대한민국의 저력이고 희망이 아니겠는가?

엔트로피의 법칙

세상을 움직이는 에너지와 관련하여 두 가지의 법칙이 있다.
첫 번째의 법칙은, **열역학 제1법칙**으로, **에너지 총량 보존의 법칙**이

다. 세상에 존재하는 에너지는 생성되는 것도 아니고 소멸되는 것도 아니고 다만 형태가 전환될 따름이라는 법칙이다. 두 번째 법칙은, **열역학 제2법칙**으로, 한 번 사용한 에너지는 똑같은 방법으로는 두 번 다시 사용할 수 없음을 뜻하는 소위 **엔트로피 증가의 법칙**이다. 엔트로피라는 말은 에너지의 변화라는 뜻에서 나온 것으로서, **무질서도**라는 개념으로 통용되고 있다. 말하자면 에너지는 사용할수록 유용성은 떨어지고 무질서도가 증가하는 방향으로 변환된다는 것이다. 아인슈타인의 상대성 이론보다도 현실생활에 밀접하게 적용되는 과학적 법칙이 바로 엔트로피 증가의 법칙이다.

자연계의 모든 변화는 엔트로피가 증가하는 방향으로 일어난다는 법칙을 미시적인 분자의 세계에서 보면, 분자 집단 내의 질서는 시간이 흐름에 따라 질서가 무너져간다는 뜻이다. 잉크 방울이 물에 떨어져서 번져나가는 현상을 **브라운 운동**이라고 하는데, 이것은 잉크 분자의 질서가 무너져버리는 엔트로피 증가 현상이라고 이해할 수 있다. 같은 물질이라도 온도가 올라가면, 분자의 내부 구조가 무질서해지며 엔트로피가 올라간다. 금속이나 초콜릿 같은 물질은 뭉쳐 있는 것이 질서가 있는 것이어서 가열이 되면 무질서해져서 길게 늘어지는 현상이 나타난다. 그런데 분자 배열이 일직선으로 길게 늘어서 있는 고무와 같은 고분자 물질은, 두 끝의 거리가 길게 늘어질수록 질서가 높은 것이고, 질서가 떨어지면 서로 엉키거나 둥글게 모이게 된다. 따라서 고무는 가열되면 무질서도의 엔트로피가 증가하면서 오그라드는 수축 현상이 일어난다.

지구상의 모든 에너지의 근원은 태양에서 온다. 그런데 그 태양은 결코 영원하지 않다는 사실이 바로 엔트로피의 법칙이고, 그것이 비관론적인 세계관을 불러오기도 했다. 엔트로피의 통계수학적 해석으로 개념을 확립한 볼츠만Ludwig Boltzman은 비관론에 빠져 스스로 숨을 끊었다고도 한다. 제레미 리프킨Jeremy Rifkin은 사회학자로서 인간 사회의 환경오염 현상을 엔트로피 법칙으로 설명하면서, 인간의 미래에 대해 신랄하게 비판하기도 했다. 그것은 앨 고어Albert Gore의 『불편한 진실』이 보여주듯이 인간의 이기적인 경제 활동의 여파로 지구가 몸살을 앓고 있는 데 대한 경종을 울린다는 차원에서는 긍정적으로 받아들일 수도 있다. 하지만 엔트로피의 개념을 너무 피상적으로만 받아들였다는 지적도 받는다.

> **제레미 리프킨**
> **(Jeremy Rifkin, 1943~)**
> 워싱턴 경제동향연구재단Foundation on Economic Trends : FOET의 설립자이자 이사장. 자연과학과 인문과학을 넘나들며 자본주의 체제와 인간의 생활 방식, 현대 과학 기술의 폐해 등을 날카롭게 비판해 온 세계적인 행동주의 철학자이다. 전세계 지도층 인사들과 정부 관료들의 자문을 맡고 있으며 과학 기술의 변화가 경제, 노동, 사회, 환경에 미치는 영향에 관한 책을 집필해왔다. 『엔트로피』, 『종말』 시리즈가 널리 알려져 있다.

엔트로피를 제대로 이해하기 위해서는 개념이 적용되는 범위의 한계를 규정할 필요가 있다. 우주를 하나로 보고 세상의 이치를 이해하는 것과 제한된 범위의 우주 속에서 개념을 적용하는 것에는 차이가 있다. 세상을 바라볼 때, 나 중심으로 보는 것과 타인과의 관계를 통해 바라보는 것에는 엄연한 차이가 존재하는 것과 같은 이치이다. 예를 들어, 나 중심으로 보면 이익이나 손해가 되지만 거래 상대방과 합쳐서 셈을 하면, 전혀 변함이 없는 소위 **제로섬**zero sum 사회가 되는 것과 같다.

자연계의 모든 변화는 반드시 엔트로피가 증가하는 방향으로 일어난다고 하는 법칙은 사실상 우리가 상상할 수 있는 가장 큰 우주의 범위에서(이것을 **고립계**라고 부른다) 적용되는 것이고, 실제로 우리가 살고 있는 세계 속에서는 반드시 일치하는 것은 아니다. 좁게 보면, 세상에 존재하는 생물들은 엔트로피가 감소하는 방향으로 스스로 성장해나간다. 중력을 거스르는 것이 생명체이고, 질서가 높아지도록 변화를 추구하는 것이 생명체의 자연스러운 모습이다.

자유 에너지

우리가 살고 있는 제한된 우주의 범위에서 일어나는 자발적인 변화의 방향은 엔트로피와 에너지의 변화를 함께 고려한 **자유 에너지**라는 개념으로 설명할 수 있다는 것이 바로 열역학 제2법칙에 담겨진 참된 이야기다. 열역학 제2법칙의 엔트로피 개념은 우주계 전체를 통합적으로 본 것이므로 우리 실생활에서의 현상을 설명하기에는 적용 범위가 너무 넓다. 예를 들면, 봄이 와서 영상의 기온에서 눈이 녹아 물이 되는 현상은 자발적으로 일어나는 것이고 엔트로피도 증가한 것이다. 그런데 겨울이 되어 영하의 기온에서 물이 얼음이 되는 것은 엔트로피가 감소되는 변화로 가지만 역시 자연스럽게 일어나는 현상이다. 이런 자발적 변화는 바로 자유 에너지의 변화로 그 방향성을 알아낼 수가 있다.

내부 에너지 총함량이 감소하는 동시에 엔트로피가 증가하는 변화는 자발적으로 일어난다. 그런데 내부 에너지 총함량의 감소가 현저하게 크면 엔트로피는 오히려 감소해도 자발적으로 일어난다. 얼음이 얼거나 공기 중의 수분이 이슬이 되는 경우가 바로 엔트로피는 감소하지만 자발적으로 일어나는 변화이다. 즉, 자유 에너지가 감소하는 방향이 자발적인 변화인 것이다. 자유 에너지 개념을 이론으로 적용하는 데에는 헬름홀츠 Hermann Helmholtz의 자유 에너지와 기브스 Josiah Gibbs의 자유 에너지를 사용한다. 일반적으로 기브스의 자연 에너지가 유용하게 쓰이기 때문에 간단하게 기브스 에너지라고 부르기도 한다.

> **기브스 자유 에너지 (Gibbs free energy)**
> G로 표현. 화학 반응의 평형 상태를 설명할 때에 쓰이는 열역학 변수의 하나로, 반응의 엔트로피와 엔탈피 변화를 절충한 함수.

생명체의 많은 변화는 자발적으로 엔트로피가 감소하는 방향으로 일어나는데 이것은 생명체가 그만큼 많은 자체 에너지를 소모하고 있다는 뜻이다. 다시 말해 생명체를 유지하기 위한 에너지원을 확보하기 위해 들어가는 에너지와 그것 때문에 희생되는 먹이사슬의 에너지 구조가 그만큼 현저하게 크다는 것을 의미한다. 그런 점만 보더라도 생명은 존엄하다고 할 수 있다. 군대의 질서가 유지되듯이 어떤 조직체의 질서가 강하게 유지되기 위해서는 그만큼 큰 자체 에너지가 필요하다.

그러나 그런 에너지가 줄어들면 질서는 허물어지기 쉽다. 2002년 월드컵에서 보여준 한국인의 질서는 엄청난 에너지가 투여된 결과이다. 길거리 응원에서 보여준 질서와 쓰레기 줍기는 엔트로피를 엄청나게 감소시키는 변화였던 것이다. 그것이 자발적이었던 것은 그만큼 국민 모두가 엄청난 염원의 에너지를 쏟아낸 결과로 이해할 수 있다.

공부를 할 때도 자유 에너지 개념을 적용해보자. 시험의 정답을 제대로 맞히는 것이 최고의 공부 질서라면, 만점을 맞는 것이 엔트로피가 제일 낮은 것이다. 공부를 잘한다는 것은 결국 엔트로피를 낮추는 현상이므로 그런 변화가 자발적으로 일어나기 위해서는 내부 에너지를 아주 크게 사용해야 한다는 것을 의미한다. 에너지를 별로 쓰지 않은 경우에는 엔트로피가 높아지는 방향, 즉 정답으로부터 무질서도가 높아지는 변화가 일어날 수밖에 없을 것이다. 소위 집중력이 바로 내부에서 에너지를 얼마나 끌어내서 사용하느냐에 달렸다고 할 수 있다. 주위가 산만한 아이들의 경우 외부의 통제 에너지가 그만큼 크게 사용된다.

왕좌에 앉아 있는 아이작 아시모프

**아이작 아시모프
(Isaac Asimov, 1920~1992)**
미국의 과학 소설가이자 저술가. 컬럼비아대학교에서 화학을 전공하여 박사학위를 받고 보스턴대학교의 생화학과 교수가 되었다. 왕성한 저술 활동으로 500여 권이 넘는 책을 출판하였다. SF소설과 교양과학 분야 등 다방면에 걸쳐 책을 썼다. 공포스러운 로봇의 이미지를 바꾸어 친근하고 친숙한 로봇이 등장하는 과학 소설을 발표해 인기를 끌었다.

기업 경영에서도 에너지가 지속적으로 유입되지 않을 경우, 엔트로피는 올라가고 조직의 질서는 점점 약해진다. 어차피, 생명체 유지 활동이나, 인간으로서 사회의 존경받는 생활은 엔트로피를 낮추려는 행위라 할 수 있다. 제레미 리프킨은 이런 점을 감안하여 저엔트로피 사회를 추구해야 한다고 주장했다. 다만, 어느 한 대상이나 세계의 엔트로피를 낮추는 것은 그 밖의 대상이나 세계의 엔트로피를 높이는 것임을 잊어서는 안 된다.

"빛이 있으라! 그러자 빛이 있었다".

아이작 아시모프Isacc Asimov의 『최후의 질문』이라는 소설에 나오는 말이다. 우주의 기원과 종말을 이야기하기에는 우리 인류의 과학 지식은 턱없이 부족하다. 물론, 먼 미래를 바라보며 후세의 인류에 대해 걱정을 하는 것도 필요하다. 하지만 현재의 우리들이 어떤 희망을 가지고 살아가야 하는지에 대한 고민을 먼저 해야 한다고 생각한다. 2002년 월드컵 당시 붉은 악마의 축제가 당시 대한민국의 분위기를 최고의 질서 의식 속에서 엔트로피를 낮추게 했다. 세계 경제가 어려워지더라도 그래서 전체 엔트로피는 점점 높아지더라도 우리가 살고 있는 주변에는 저엔트로피 사회가 형성될 수 있도록 마음속 깊은 곳에서부터 희망의 에너지를 끌어내도록 노력해보자.

아낌없이 주는 석유

이관영

📖 증류 · 분리 · 정제, 유사석유

    최근 석유는 가파른 가격 상승, 세녹스로 대표되는 유사석유, 원가 공개 등 여러 가지 이유로 사람들의 많은 관심을 받고 있다. 석유는 물이나 공기와 같이 현대의 인간 생활에 매우 중요한 역할을 한다. 석유의 가격이 급격하게 치솟음에 따라 유사석유는 더욱 활개를 치고 있으며, 각국 정부는 20~30년 후에 다가올 석유고갈에 대비해, 중장기적인 에너지 문제의 해결책을 깊이 있게 고민하고 있다. 그렇다면 석유 고갈과 가격 상승에 따른 문제를 해결할 방법은 없을까? 지금부터 석유 고갈에 대비한 대책으로 고려되는 대체 석유에 대해 중점적으로 살펴보자.

석유는 무엇일까?

석유는 천연에서 액체 상태로 얻을 수 있는 탄화수소의 혼합물이다. 석유는 공기가 없는 상태에서 유기물이 분해되면서 형성되었을 것으로 추측되나 아직도 그 생성 과정이 확실하게 밝혀지지 않았다. 천연 상태로 채굴된 원유를 정제하여 휘발유, 경유, 등유 등을 제조하는 산업을 정유 산업이라 하고, 석유화학 산업은 이들을 원료로 하여 다양한 화학 제품을 생산하는 산업이다. 석유는 탄소와 수소가 주된 구성 원소이며, 그 밖에도 산소·유황 등이 함유된 화합물도 포함되어 있다. 우리가 석유를 사용하기 위해서는 화학적인 처리 과정을 거치거나 비슷한 성분끼리 분류하여 사용한다. 오른쪽 그림에 나타난 것처럼 원유에 포함된 물질의 **비등점**의 차이를 이용해 분류하는 **분별증류법**이 석유의 가장 일반적인 분류 방법이다. 원유는 가벼운 물질로부터 LPG, 휘발유, 나프타, 경유, 등유, 제트유, 아스팔트 등으로 나뉜다.

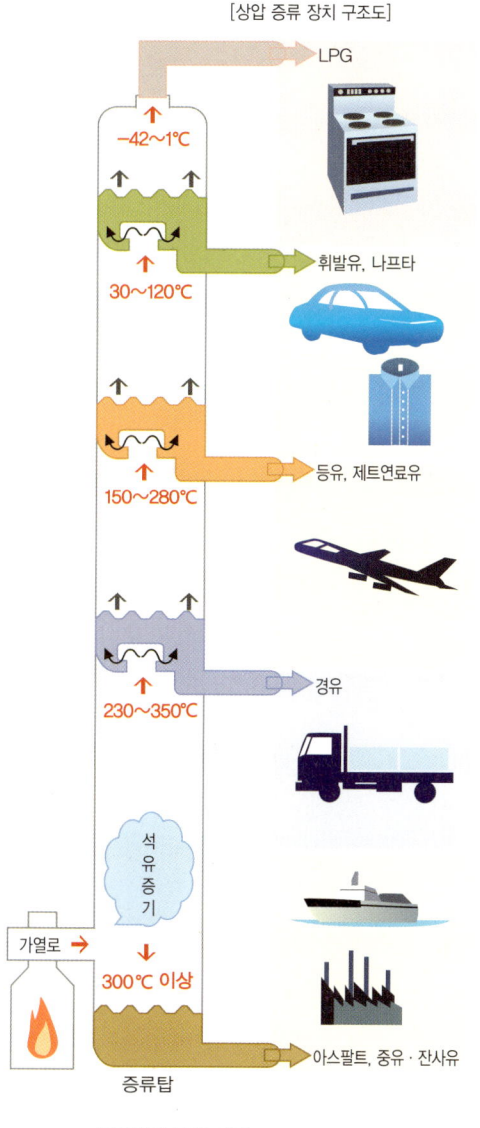

증류탑과 분별 제품

> **나프타(naphtha)**
> 석유, 콜타르, 함유 셰일(含油shale) 등을 증류하여 얻는 탄화수소의 혼합물. 휘발성이 높고 타기 쉬우며, 끓는점이 낮다.

인간은 기원전에도 석유의 존재를 알고 있었다. 하지만 석유가 일상생활에 널리 쓰인 것은 19세기 후반부터이다. 불을 밝히기 위해 동식물성 기름을 사용하던 인간이 등유를 사용하게 된 것이 바로 그 시기이다. 그 후 휘발유 자동차가 개발되었고 경유를 사용하는 디젤차가 등장했다. 정유 산업의 발전으로 각종 연료로 사용되던 석탄을 석유가 대체했고, 비행기가 개발되면서 석유의 중요성이 더욱 크게 부각되었다. 증류에 의해 석유를 다양한 물질로 분리시키는 현대적 정유공장은 1912년 미국에서 처음 등장했다.

20세기에 일어난 여러 차례의 전쟁에서 석유는 중요한 역할을 하게 되는데 그 이유는 자동차, 선박, 비행기가 전략적 병기로 사용되었기 때문이다. 이와 같이 석유는 20세기 이후 연료로서 인류의 삶에 중요한 역할을 담당하고 있다. 한편 제1차 세계대전이 시작되면서 서유에서 화학 제품을 얻으려는 노력도 본격화되었다. 1930년대 나일론과 합성고무가 개발되면서 석유에서 다양한 화학 제품을 대량으로 생산할 수 있는 석유화학 산업이 등장했다. 석유화학 산업은 우리에게 플라스틱이라는 현대 사회에 없어서는 안 될 생필품을 제공하기에 이른다.

> **합성고무**
> 천연고무처럼 높은 탄성과 억세고 질긴 합성 고분자 화합물.

우리나라의 석유 제품 가격은 다음에 나오는 그림과 같이 결정된다. 그 아래 그림은 국내 휘발유 가격의 구성을 보여준다. 2010년을 기준으로 휘발유 가격의 약 55%가 세금과 기타 부과금이다. 우리나라의 유류

석유 제품 가격 결정 구조

세는 가격을 기준으로 세금을 매기는 종가세가 아니라 양에 따라 세금을 매기는 종량세이다. 즉 유류는 리터당 일정액의 유류세가 부과되기 때문에 유가가 올라도 직접적인 영향을 받지 않는다. 예를 들면, 2011년 1월 1일 기준으로 휘발유 1리터당 교통세는 529원, 교육세는 교통세의 15%인 79원, 주행세는 교통세의 28%인 138원, 합계 745원으로 책정되어 있다. 유류세가 정부 예산에서 차지하는 비중을 살펴보면 2011년 휘발유와 경유 판매

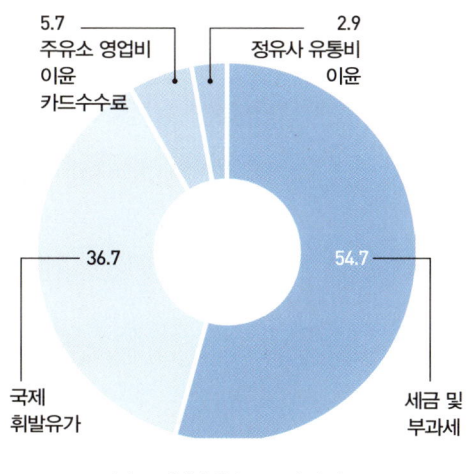

〈자료: 지식경제부, 2010년 평균〉

2010년 휘발유 가격 구성

에 부과된 세금은 각각 10조 3,855억 원과 13조 6,021억 원으로 휘발유와 경유에 대한 세금만 합해도 24조 원에 이른다. 2011년 정부의 총예산이 309조 원이었으므로 유류세는 총예산의 8% 이상을 차지하는 매우 비중이 높은 세수원이다.

최근 들어 휘발유 가격이 급상승함에 따라 우리 사회에서는 유사석유의 제조, 판매, 구입 문제가 끊이지 않고 있다. 한때 세녹스라는 이름으로 첨가제로서 승인을 받은 유사석유가 판매된 적이 있다. 정확한 통계는 발표되지 않았으나 유사석유는 휘발유 점유율의 25%에 이르는 방대한 시장을 잠식한 적이 있다고 한다. 유사석유의 판매로 인해 정부는 수조 원의 세금원을 잃어버리게 되었고 이는 결국 국민의 피해로 돌아오게 된다.

유사석유는 석유를 원료로 하여 제조된 몇 가지 화학 제품을 혼합하여 만든다. 석유는 정유 공정에서 여러 성분으로 분류된 후 화학 반응을 거쳐 각각의 단일 화학 제품으로 만들어지기까지 몇 단계의 공정을 더 거치게 된다. 따라서 석유로부터 최종적으로 단일 성분으로 만들어지는 제품의 생산 원가는 중간 단계 혼합물인 석유류에 비해 더 비싼 것이 당연하다. 최종 제품인 화학 제품의 경우, 석유화학 산업의 원료로 사용되기 때문에 자동차 연료에 부과되는 세금과는 전혀 다른 과세 체계를 가지고 있으며, 휘발유에 책정되어 있는 교통세 등의 유류세를 부과하지 않는다. 결국 원가는 비싸지만 구입을 싸게 할 수 있는 톨루엔 등의 화학 제품으로 유사휘발유를 만들고 이를 판매하게 됨으로써 막대한 세금을 포탈하는 상황이 벌어지는 것이다.

유사석유가 안고 있는 문제는 세금 포탈뿐만이 아니다. 석유류는 화재나 폭발 등과 같이 위험성을 안고 있으므로 정해진 법에 따라 자격을 가진 관리자만이 취급해야 한다. 그럼에도 불구하고 유사휘발유 생산업체들은 불법적으로 화학 제품을 혼합하는 설비를 갖추고 음성적으로 거래를 하기 때문에 큰 폭발을 일으키거나, 불법적인 원료를 사용함으로써 자동차 엔진을 고장낸다거나, 환경오염 물질을 대량 배출하는 등의 다양한 문제를 일으킨다. 따라서 유사석유는 절대로 만들어서도 사용해서도 안 될 공공의 적이라 할 수 있다.

석유 고갈과 대체 에너지 개발

최근 들어 높은 유가가 국제 경제를 어렵게 하고, 화석연료 고갈에 대한 우려가 전세계적으로 확산되고 있다. 석유는 단순한 에너지원이 아닌 의식주와 밀접한 관련이 있는 기본 물질로서 현대 인류 문명에서 아주 중요한 위치를 점하고 있다. 현존 자원의 절약과 함께 다양한 대체 자원을 개발함으로써 석유가 담당했던 여러 역할에 대비해야만 현대 인류가 석유 덕분에 짧은 기간에 얻고 누리고 있는 지금의 찬란한 문명을 지속할 수 있을 것이다. 장기적으로 보면 태양광, 풍력 등의 자연계로부터 얻을 수 있는 에너지로 화석연료가 대체되어야만 인류의 지속가능한 발전이 가능하다.

그러나 이들 신재생 에너지를 완전한 산업으로 발전시키기까지는 아직도 많은 기술적 문제들이 존재한다. 특히 획기적인 기술개발 이전에

대체 에너지 태양광, 풍력발전

지금의 화석연료 부족 현상에 따른 고유가 문제를 풀어나갈 해답을 찾아야 한다. 석유는 액체 상태여서 취급이 가장 편리하기 때문에 각국의 거의 모든 산업 인프라가 석유를 중심으로 만들어져 있다. 하지만 석유 매장량은 수십 년 사용 가능할 정도로 제한적이다. 석유보다 수십 년 더 사용 가능할 것으로 예측되는 화석연료는 천연가스이다. 특히 최근 미국 등에서 **셰일가스**의 개발이 새롭게 진행되고 있고, 그동안 매장량이 적어 수익이 나지 않는다는 이유로 버려져 있던 한계가스전을 활용하고자 하는 노력들도 이루어지고 있어 천연가스의 활용은 예측보다 더 늘어날 가능성이 있다.

그 다음으로는 200년 이상 사용 가능할 것으로 예상되는 석탄이다. 천연가스와 석탄은 그 자체로 연료 또는 화학 원료로 사용하기 위한 방법들이 가능할 것이다. 그러나 앞에서 설명한 석유의 편리성, 그리고 현존하는 인프라를 고려할 때, 천연가스나 석탄을 석유로 전환하여 사용하는 것이 가장 바람직한 방법이 될 것이다. 천연가스와 석탄을 석유로 전환하는 기술을 각각 GTL*Gas-To-Liquid*, CTL*Coal-To-Liquid*라 부른다. 우리말로는 **천연가스액화**, **석탄액화** 등으로 부른다. 이 공정들은 먼저 천연가스나 석탄을 물이나 산소와 반응시켜 합성가스(일산화탄소와 수소)로 가스화하는 공정을 거친다. 그 후 **피셔-트롭슈***Fischer-Tropsch* **반응**을 거치게 되면 디젤이나 휘발유와 같은 액화석유를 만들 수 있다.

천연가스는 석탄에 비해 불순물이 상대적으로 적다. 하지만 석탄, 특히 저급탄의 경우 황을 비롯한 불순물들이 공존하고 있으므로 이들을 제거하기 위한 탈황 공정 등의 정제 공정이 필요하다. 또한 액화석유가 얻어지는 피셔–트롭슈 공정의 경우에는 원하는 생성물 외에 메탄과 같은 저분자량의 생성물, 왁스와 같이 고분자량의 생성물들이 함께 생성되므로 이들의 처리를 위한 고도화 설비도 필요하다.

그동안 사용했던 석유는 채굴이 쉽고 고급유 성분이 많은 가벼운 기름들이었다. 하지만 앞으로는 점차 깊은 곳에 위치한 무거운 기름인 중질유, 그리고 정유 공정의 부산물로 얻어지는 잔사유 등과 같은 저급 석유의 질을 개선해서 사용하는 기술과 함께 천연가스, 석탄을 석유로 전환하여 사용하는 천연가스액화, 석탄액화 기술이 한동안 대체 석유를 얻기 위한 수단으로 활용될 것이다. 그러나 천연가스, 석탄과 같은 화석연료는 매장량에 한계가 있을 수밖에 없다. 끊임없는 기술개발로 영원하고 지속적인 에너지 공급을 위한 신재생 에너지 확보를 결코 소홀히 할 수 없는 이유이다.

충전이 필요 없는 스마트폰

탁용석

전지의 종류, 전기 자동차의 작동 원리

최근 이동전화가 스마트폰으로 바뀌면서 휴대폰에 많은 기능들이 추가되어 스마트폰 사용자들은 일상생활의 많은 시간을 스마트폰과 함께하고 있다. 그러나 많은 기능들을 사용하다 보면 부딪히는 문제 중의 하나가 바로 **전지**(배터리) 사용시간이 너무 짧다는 점이다. 여러분은 충전을 하지 않아도 계속해서 쓸 수 있는 스마트폰이 있다면 얼마나 편리할까 하고 꿈꾸어 본 적이 있을 것이다. 전지의 용량이 크면 클수록 오랫동안 사용할 수 있지만 크기가 커서 가지고 다니기 불편하다. 따라서 휴대하기 편하려면 전지의 크기는 작아야 한다.

전지의 발명과 발전

우리의 일상과 함께하는 휴대폰의 전지는 언제 발명되고 어떤 발전을 거쳐 우리가 사용하게 되었을까? 여기서 먼저 전지의 역사를 살펴보자. 근대적인 의미의 전지는 1800년 이탈리아 파비아대학교의 볼타Alessandro Volta 교수가 구리와 아연 금속 사이에 소금물을 적신 종이나 천을 끼워 넣었더니 두 금속 사이에 전기가 흐르는

볼타의 실험 및 볼타 전지

사실을 발견한 데서 시작되었다. 이는 화학적으로 전기를 만들 수 있는 최초의 발명품으로 인류에게 영향을 미친 위대한 발명 가운데 하나로 여겨진다. 이를 기념하기 위하여 전압을 볼타 교수의 이름을 따 **볼트**volt 라고 부른다. 최근 스마트폰을 비롯한 다양한 이동통신 기기가 발전한 배경에는 이들을 구동시킬 수 있는 이동 가능한 에너지원mobile energy인 전지가 있었기에 가능했다.

대부분의 스마트폰 전지는 사각형으로, 케이스에는 **리튬이온**Li-ion전지, 3.7V가 공통적으로 적혀 있다. 일상생활에서 널리 사용하고 있는 다양한 크기(크기: AA, AAA, C, D)의 원통형 전지는 알칼리전지로 1.5V이다. 자동차의 시동start, 전등lighting, 점화ignition에 사용되는 차량용 전지는 납(Pb) 전지로 2V의 전지 6개가 직렬로 연결된 12V를 쓰고 손목시계와 계산기 등에 사용되는 수은전지는 1.35V로 표

각종 전지

시되어 있다. 이와 같이 다양한 종류와 형태의 전지가 현재 함께 사용되고 있으며, 전지는 종류에 따라 전압이 다르다. 또한, 전지는 한 번 사용하고 나면 버리는 **일차전지**와, 사용 후 충전하여 계속 사용할 수 있는 **이차전지**로 구분하고 있다.

전지는 어떻게 일을 하는 것일까?

그렇다면 전지는 어떻게 전기 에너지를 만들어낼까? 전지 내부에는 다양한 화학 물질이 가득 들어 있지만 밖에서 화학 물질이 들어가고 나오는 출입구는 전혀 없다. 그러나 스마트폰, 리모콘, 전등과 같은 전기전자 제품에 전지를 연결하고 전원을 켜면 전지로부터 전기 에너지가 나와 전기전자 제품이 작동하기 시작한다. 즉, 필요할 때마다 화학 물질이 들어 있는 전지로부터 전기 에너지를 직접 얻을 수 있는 전지는 '물질이 가지고 있는 화학 에너지를 전기 에너지로 직접 변환시키는 에너지 변환 장치'라고 정의 내릴 수 있다.

전자는 일을 할 수 있는 능력이 있어서 출입구가 없는 전지에 전선을 연결하면 전지 내부, (−)극에서 만들어진 전자가 전선을 따라 이동하며 일을 한 후 (+)극으로 들어가게 된다. 전지의 원리는 일을 할 수 있는 능력을 가진 전자를 추적해보면 쉽게 알 수 있다.

전자를 추적할 때, 다음 두 가지를 기억할 필요가 있다. 첫째, 전자는 오직 전기가 통하는 고체 물질에서만 움직일 수 있다. 액체 내에서 전자는 홀로, 즉 독립적으로 움직일 수 없으며, 운반체에 실려 이동하게 된다. 둘째, 전자가 갖고 있는 전기적 특성인 **전하량**(쿨롱)은 전지 내부에서 전자가 만들어진 곳으로 반드시 되돌아와야 한다. 이때 전자가 직접 전하량을 전달하거나 또는 이온들이 그 역할을 담당하게 된다.

위의 원리를 구현하기 위한 전지 구조는 종류에 관계없이 모두 두 개의 전극과 이온들이 움직이는 액체인, **전해질**로 구성되어 있으며 전해질 내에 두 개의 전극이 들어 있다. 전극은 전자가 자유롭게 움직일 수 있는 고체로서 전자가 생산되는 전극, (−)극과 전자가 전기전자 제품(스마트폰 등)을 통과하면서 일을 하고 들어와 전자가 없어지는 전극, (+)극으로 구성되어 있다. 그리고 (−)극과 (+)극 사이에는 이온들이 전자가 가지고 있는 전하량을 운반하는 운반체 역할을 하는 전해질이 존재하고 있다.

> **전해질**
> 물 같은 용매에 녹아 이온화하여 음양의 이온이 생기는 물질. 전도성을 띠며, 전기 분해가 된다. 무기산, 무기 염기, 염과 같은 강전해질과 유기산, 유기 염기와 같은 약전해질로 구분된다.

자동차용 납전지는 납(Pb) 금속이 (−)극, 납산화물(PbO_2)이 (+)극으로 자동차의 헤드라이트를 켜면 각 전극에서 다음과 같은 반응이 일어나게 된다. 두 전극 사이에는 황산 용액이 채워져 있어 H^+과 SO_4^{-2}이 이온으로서 전하 운반체 역할을 한다.

작동(방전) 중인 자동차용 전지 전극 반응	
(−)극	$Pb + SO_4^{-2} \rightarrow PbSO_4 + 2e$
(+)극	$PbO_2 + 4H^+ + SO_4^{-2} + 2e \rightarrow PbSO_4 + 2H_2O$

그러면 전지가 일을 할 수 있는 능력의 크기(에너지)는 어떻게 알 수

> **줄의 법칙(Joule's law)**
> 전선을 흐르는 정상 전류가 일정 시간 안에 내는 열의 양은 전류 세기의 제곱 및 도선의 저항에 비례한다는 법칙. 영국의 물리학자 줄이 1840년에 발견하였다.

있을까?

줄Joule의 법칙에 따르면 1J=1C×1V이며, 전자 하나의 전하량이 1.6×10^{-19}쿨롱coulomb이므로, 전자 하나가 1V의 전위차를 이동하며 할 수 있는 일(에너지)의 양은 1.6×10^{-19}J이 된다. 따라서 전자 하나가 가지고 있는 에너지의 양은 전지의 전압과 직접 비례하며, 3.7V인 리튬이온전지에서 나오는 전자는 1.5V인 원통형 알칼리 전지에서 나오는 전자와 비교할 때 약 2.5배의 에너지를 갖는다.

전지가 갖고 있는 에너지를 다른 면에서 살펴보자. 각 전지가 갖고 있는 에너지는 폭포를 이용한 수력발전과 직접 비교할 수 있다. 아래 사진에 나오는 미국 시애틀 부근의 스노퀄미 폭포는 수력발전에 직접 이용되고 있으며, 설악산의 오련폭포에도 수력발전기가 설치되어 있다. 수력발전은 물의 위치에너지 차이를 이용해 전기 에너지를 얻는 방식으로 물이 떨어지는 낙차가 클수록, 물의 양이 많을수록 발전을 통하여 얻는 전기 에너지의 양은 증가한다. 폭포에서 떨어지는 물을 전자(단위:쿨롱)로, 폭포의 높이 차이를 전압volt으로 대비시키면, 폭포로부터 얻을 수 있는 전기 에너지와 전지로부터 얻을 수 있는 전기 에너지를 같은 관점에서 비교할 수 있다. 즉, 폭포의 윗쪽을 전자를 만드는 전극(산화 반응, -극), 아

스노퀄미 폭포와 전지의 비유
(높이 차:전압, 물:전자)

래쪽을 전자를 소모하는 전극(환원 반응, +극)이라고 할 때, 각 전극에서 일어나는 산화 반응 및 환원 반응이 많고(전자의 양이 많고), 동시에 전압 차이가 클수록 전지가 가지고 있는 에너지는 증가한다.

더 오래 일하는 전지를 향하여!

전기 에너지와 직접적인 관계가 있는 전압은 각 전극에서 일어나는 산화 반응과 환원 반응이 무엇인지를 아는 순간 결정되므로 전지의 전압을 증가시키기 위해서는 전지 내에서 일어날 수 있는 전압 차이가 큰 산화 반응과 환원 반응의 쌍을 찾는 일이 매우 중요하다. 미국의 굿이너프Goodenough 박사가 리튬 이온이 자유롭게 들어오고 나갈 수 있는 물질인 리튬코발트 산화물($LiCoO_2$)을 찾아냄으로써 3.7V라고 하는 지금까지 알려진 어떤 이차전지의 전압보다도 큰 값을 얻을 수 있는 방법을 찾아냈다. 만일 전지가 무한대의 전자를 만들 수 있을 정도로 크거나, 또는 상상할 수 없을 정도로 높은 전위차를 가지고 있다면, 전지는 무한한 에너지를 가지고 있다고 말할 수 있으며 스마트폰을 충전하지 않고서도 영원히 작동시킬 수 있을 것이다.

현재 모든 휴대폰에 사용되고 있는 리튬이온전지의 경우 일본의 소니SONY사가 1991년 처음으로 리튬코발트 산화물을 전극으로 사용함으로써 다른 전지들보다 에너지 밀도가 높은 이차전지의 상용화에 성공하였다. 에너지 밀도가 높은 리튬이온전지는 스마트폰을 비롯한 다양한 이동용 전자 기기의 에너지원으로 활발하게 사용되고 있으며 최근에는 전기 자동차의 전원, 풍력이나 태양광 발전에서 만들어지는 전기 에너지를 저장하는 용도로 사용이 확대되고 있다.

전지를 분리시킨 후 스마트폰 무게를 재보면 전지의 무게가 적지 않음을 알 수 있다. 스마트폰에서 전지가 차지하는 무게 때문에 더 가볍고 작은 기기에 대한 열망은 한계에 부딪힐 수밖에 없다. 이 문제를 해결하기 위해 전자가 일을 할 수 있는 능력을 갖고 있는 물질의 관점에서 스마트폰 전지를 충전하지 않고 사용할 수 있는 방법을 생각해보자. 결론적으로 불가능하다고 말할 수밖에 없지만, 스마트폰 사용시간을 최대로 늘릴 수 있는 방법은 제시할 수 있다.

첫 번째로 스마트폰에 사용되는 리튬이온전지의 기본 원리를 알아보자. 전지를 구성하는 두 개의 전극 물질은 벌집 모양의 육각형 구조로 된 A4용지를 층층이 쌓아놓은 모양인 흑연(C_6)과 3차원 구조 내 일정 공간이 비어 있어 자동차가 언제든지 들어오고 나가더라도 구조가 변하지 않는 주차 건물과 비슷한 구조인 리튬(Li) - 코발트(Co) - 산소(O) 산화물인 $LiCoO_2$이다(다음 그림 참조). 흑연의 층과 층 사이와 리튬코발트 산화물($LiCoO_2$) 구조 내 공간은 매우 작지만 리튬이 자유로이 움직일 수 있다는 특성이 있다.

충전이 완료된 전지의 흑연 전극은 층과 층 사이에 리튬이 가득 들어 있는 LiC_6이며, 리튬코발트 산화물($LiCoO_2$) 전극은 리튬이 빠져나가 내부에 빈 공간이 많은 $Li_{1-x}CoO_2$이다. 스마트폰에 리튬이온전지를 연결한 후 전원을 켜면 전지로부터 다음 반응에 의하여 전기 에너지를 얻을 수 있다. LiC_6의 흑연 층 사이에 들어 있던 리튬 금속이 산화하면서($LiC_6 \to$

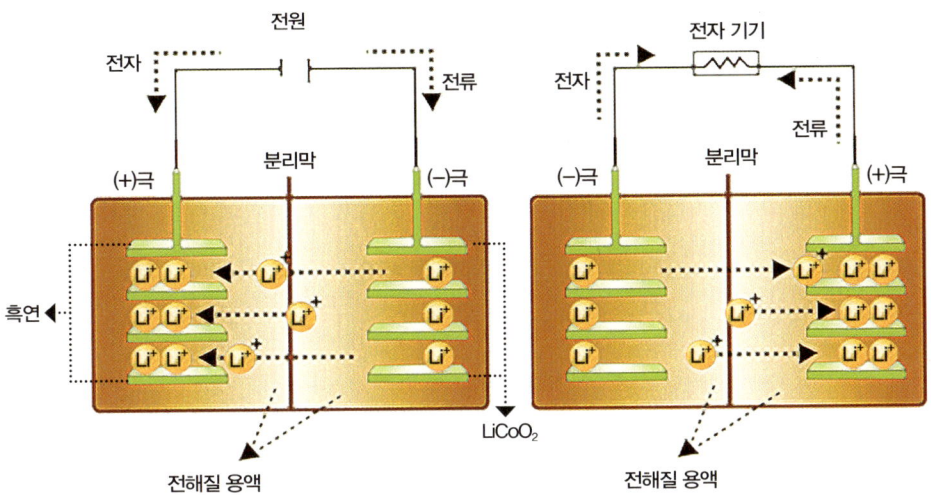

리튬이온전지의 충전(왼쪽)과 방전(오른쪽)

C_6+xLi^++xe) 리튬 이온은 용액 속으로 들어가고, 전자는 회로를 통해 일을 한 후 또 다른 전극 물질인 $Li_{1-x}CoO_2$와 결합하여 $LiCoO_2$로 변화한다 ($Li_{1-x}CoO_2+xLi+xe \rightarrow LiCoO_2$).

작동(방전) 중인 스마트폰용 리튬이온전지의 전극 반응	
(−)극	$LiC_6 \rightarrow C_6+xLi^++xe$
(+)극	$Li_{1-x}CoO_2+xLi^++xe \rightarrow LiCoO_2$

두 전극 사이에는 리튬 이온을 포함한 **육불화인산리튬**($LiPF_6$)이 유기물에 녹아 있는 전해질로 채워져 있다.

전지의 에너지를 증가시키는 또 다른 방법은 폭포에서 떨어지는 물의 양, 즉 전자의 양을 증가시키는 것이다. 이는 폭포 상단부에 전자를 내놓는 물질의 양을 많이 준비하는 것과 같은 원리이다. 전지를 충전할 때 흑연(C_6) 내에 들어가는 리튬이 많을 때 방전시 많은 양의 전자를 내놓을 수 있으므로 전지의 에너지를 증가시키기 위해서 먼저 흑연의 양을 증가시켜야 한다. 그리고 전지 구조를 고려할 때 전자를 받아들일 수 있는 $Li_{1-x}CoO_2$, 전해질 육불화인산리튬($LiPF_6$)의 양도 함께 증가해야 하므로 전지의 크기가 증가해야 한다.

전지의 크기가 클수록 전지가 갖는 에너지의 양이 함께 증가하지만, 전지의 무게가 무거워지고 부피가 증가하여 휴대하기에는 점점 불편하게 된다. 이러한 전지의 특성을 고려할 때 스마트폰용 전지를 충전 없이 사용하는 것은 불가능하지만, 전압차가 크고 가볍고 크기가 작은 물질이 참여하는 산화-환원 반응 쌍을 찾는 꾸준한 연구가 이루어질 때 전지의 사용시간이 점점 길어질 것임은 분명하다.

Chemistry

물로 가는 자동차

탁용석

📖 연료전지 자동차

만약 자동차를 물로 움직일 수 있다면, 인류가 고민하고 있는 에너지 부족과 환경오염 문제 가운데 많은 부분이 해결될 것이다. 현재 자동차의 연료로 사용되는 가솔린(휘발유)과 경유는 원유를 가공해서 만든다. 기름 한 방울 나지 않는 우리나라는 세계 10대 원유 소비국으로 1,800만 대가 넘는 자동차(2011년 기준)가 수입 원유의 50% 가량을 연료로 사용하고 있다. 우리나라의 원유 소비량의 증가는 그동안 우리 경제가 에너지를 많이 소비하는 중화학공업을 기반으로 빠르게 성장한 때문이기도 하지만 다른 한편으로는 급격하게 증가한 자동차 수와 깊은 관계가 있다.

가솔린(gasoline)
석유의 휘발 성분을 이루는 무색의 투명한 액체. 휘발유라고도 한다. 원유를 증류하거나, 증류한 후 화학 처리를 하여 얻는다. 자동차, 비행기의 연료로 쓴다.

인류의 에너지 사용량의 증가에 따라 원유 생산량도 지속적으로 증가하고 있지만, 유한한 자원인 원유는 미래의 어느 시점에 고갈될 것이므로 기름을 대체할 수 있는 새로운 에너지원의 개발이 필요하다.

환경오염 걱정 끝! 친환경 자동차

가솔린과 경유를 사용하는 내연기관 자동차는 강력한 힘과 사용의 편리성으로 인하여 소비자의 절대적인 지지를 받고 있지만 환경오염을 일으키는 등 많은 문제점을 가지고 있다. 자동차 연료의 연소 과정에서 나오는 이산화탄소는 지구 기후 변화의 주원인으로 손꼽힌다. 이외에도 자동차 **배기가스**에는 질소 산화물, 일산화탄소, 탄화수소 등의 오염 물질이 미량 포함되어 있어 많은 자동차가 움직이는 도시의 대기를 오염시키고 있다. 비가 온 후의 맑은 하늘이 며칠 지나고 나면 다시 희뿌옇게 변하는 것은 대도시에서 자주 일어나는 일이다.

그렇다면 한정된 자원인 원유를 사용하지 않고 오염 물질도 배출하지 않는 자동차를 개발할 수는 없을까? 만일 지구상에 무한정으로 존재하는 에너지원이 있다면, 사용하고 난 후에도 쉽게 다시 재생할 수 있는 에너지원이 있다면, 지구의 에너지 문제가 해결될 뿐 아니라 이 에너지원이 환경친화적이기 때문에 오염 문제 또한 사라질 것이다. 이처럼 환경오염에서 자

서울 하늘을 덮고 있는 대기오염 띠

유롭고 무한정한 에너지를 신재생 에너지re-new-able energy라고 하고 대표적인 재생 에너지로는 태양 에너지, 풍력 에너지를 들 수 있다. 햇빛으로부터 직접 전기를 만드는 태양광 발전은 낮과 밤에 따라, 바람이 일으키는 회전력을 이용한 풍력발전은 바람의 강도 및 빈도에 따라서 전력 생산량이 변하게 된다. 따라서 전력 생산이 많을 때는 생산된 전기 에너지를 저장하고 전기가 부족할 때는 꺼내 쓸 수 있는 저장장치가 필요하다. 이러한 전지 에너지를 저장하는 방법은 여러 가지가 있지만 그중 하나는 물을 전기분해하여 수소를 연료로 저장하는 것이다.

그리고 전기가 필요할 때는 수소연료를 연소시켜 발전하는 것이 아니라 수소로부터 직접 전기 에너지를 만들 수 있는 연료전지 장치를 이용한다. 연료전지는 화학 에너지로부터 전기 에너지를 직접 만든다는 점에서는 전지와 같지만, 연료가 떨어졌을 때 외부에서 빠른 시간 내에 공급이 가능하다는 장점이 있다. 이는 충전에 긴 시간을 필요로 하는 전지와 구분되는 큰 차이점이라고 할 수 있다. 엔진 대신 전지를 이용하여 움직이는 전기 자동차와 같이 수소를 차에 탑재하고 연료전지를 이용하여 전기를 만들어서 움직이는 자동차를 연료전지 자동차라고 한다.

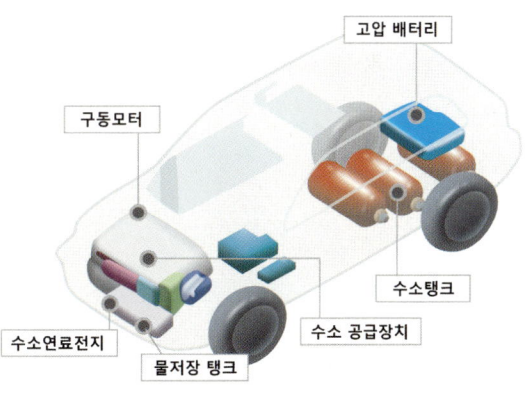

수소 연료전지 자동차의 내부 구조

오른쪽 그림은 현재 운행 중인

연료전지 자동차의 내부 구조로 수소를 한 번 충전하여 700km 이상을 운행할 수 있다. 차량의 앞부분에 연료전지 장치가 있고 수소탱크는 차의 뒤쪽에 위치하고 있어 빠른 시간 내에 수소 충전이 가능하다.

이와 같이 신재생 에너지를 이용하여 물을 전기분해하여 수소를 만들고, 연료전지를 이용하여 수소로부터 전기 에너지를 만들어 자동차를 구동시킬 경우에 자동차의 밖으로 나오는 것은 오직 물뿐이므로 오염 물질의 배출이 전혀 없는 친환경적인 자동차라고 할 수 있다. 만일 돈을 안 들이고 수소를 만들 수 있는 방법이 있다면 연료전지 자동차는 물로 가는 자동차라고 말할 수 있을 것이다.

수소 연료전지의 작동 원리

그렇다면 구체적으로 수소를 연료로 사용하는 수소 연료전지의 원리를 알아보자. 연료전지는 전지와 같이 두 개의 전극 사이에 전해질이 있으며, 한쪽 전극에는 수소를 공급하고 다른 쪽 전극에는 공기를 공급하는 구조이다.

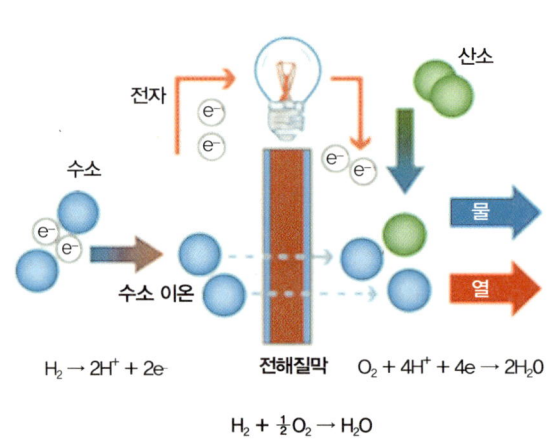

연료전지의 원리

왼쪽 그림과 같이 수소연료를 공급하는 전극(-극)에서는 수소 분자가 수소 이온(H^+)과 전자로 나뉘는 산화 반응이 일어나고($H_2 \rightarrow 2H^+ + 2e$), 이때 만들어진 전자는 외부회로를 타고 흘러가면서 전구에 불을 밝히고, 수소 이온은 전해질을 통과하여 반대쪽에 위치한 전극(+극)에 함께 도달한다. 이때 전극(+극)에서는 다른 경로를 통해 함께 건너온 수소 이온, 전자가 공기 중의 산소와 만나서 물을 만드는 환원 반응이 일어나고 이때 생성된 물은($O_2 + 4H^+ + 4e \rightarrow 2H_2O$) 연료전지 밖으로 배출된다. 위의 두 반응을 합하면 수소와 산소가 만나서 반응하여 물과 전기를 만드는 것($2H_2 + O_2 \rightarrow 2H_2O +$ 전기 에너지)으로 요약할 수 있다.

연료전지의 전극 반응	
(−)극	$H_2 \rightarrow 2H^+ + 2e$
(+)극	$O_2 + 4H^+ + 4e \rightarrow 2H_2O$
전체반응	$2H_2 + O_2 \rightarrow 2H_2O +$ 전기 에너지

하나의 작은 연료전지로는 꼬마전구에 불을 밝히는 정도의 작은 일이 가능하지만, 연료전지를 크게 만들고 이들을 연속적으로 쌓아 직렬연결을 하면(연료전지스택) 오른쪽 사진과 같이 대형버스와 발전소(2.4MW) 규모의 연료전지 시스템을 제작할 수 있다.

다음 페이지 그림은 연료전지 자동

수소 생산과 연료전지를 이용한 수소의 이용

마실 수 있을 만큼 깨끗한 수소 연소 자동차 배기구에서 나오는 물

차는 아니지만 가솔린 대신 수소를 태워(연소 반응) 작동하는 수소 연소 자동차로서 연수하는 과정에서 나오는 물을 모아서 마시는 모습으로 깨끗한 환경을 구현하고자 하는 친환경 에너지 자동차 개발을 보여준다. 수소를 연료로 사용하는 연료전지 자동차의 내부에서 일어나는 궁극적인 화학 반응 생성물은 물(H_2O)로서 현재의 내연기관 자동차와 비교했을 때 이산화탄소와 오염 물질을 전혀 배출하지 않는 연료전지 자동차는 미래의 자동차로 기대를 모으고 있다.

화학과 전기가 하나가 되는 까닭은?

탁용석

📖 화학과 전기의 상관 관계

사전에서 화학을 찾으면 '물질의 변화에 관한 학문'으로 정의되어 있다. 액체 상태의 물에 열을 가하면 100℃에서 물이 끓기 시작하면서 수증기(기체)로 변화하고, 0℃에서는 얼기(고체) 시작한다. 그러나 물이 가지고 있는 성질은 변하는 것이 아니고 단지 모습(상)이 변화하는 것이다. 예를 들면, 음식을 요리하기 위해 가스를 켜면 불이 붙으면서 열에너지를 얻게 되는데, 이는 도시가스의 주성분인 메탄(CH_4)과 공기 중의 산소(O_2)가 반응하면서 이산화탄소(CO_2)와 물(H_2O)로 변화하는 과정에서 메탄이 가지고 있는 에너지가 열의 형태로 나오는 것이다. 이것은 반응이 일어나기 전의 '메탄과 산소'는 사라지고 새로운 물질인 '이산화탄소와 물'로 완전하게 변화하는 과정이다. 이외에도 숯불을 이용하여 고기를 구울 때, 처음에 검정색을 띠던 숯이 타면서 잿빛으로 변하는 것을 볼 수 있다. 이 과정은 숯 안에 있는 검정색 고체 탄소(C)가 산소와 반응하여 기체 상태의 이산화탄소로 변화하는 것이다. 이와 같이 물질은 고체, 액체, 기체로 **형태(상)의 변화**를 일으키거나, 다른 물질과 반응하여 새로운 물질로 변화하는 성질이 있다.

화학과 전기의 불가분성

전기는 '물질 안에 있는 전자나 이온들의 움직임 때문에 생기는 에너지의 한 형태'로 정의할 수 있다. 서로 다른 정의 체계를 갖는 화학

양성자
원자핵을 구성하는 소립자의 하나. 질량은 전자의 약 1,800배이고 양전하를 띠며 전기량은 전자와 같다. 원자핵 내의 양성자 수는 그 원자의 원자 번호를 나타낸다. 기호 p.

중성자
수소를 제외한 모든 원자핵을 구성하는 입자. 전하를 갖지 않으며 전자 질량의 약 1,840배이다. 핵에 속하지 않고 자유롭다. 중입자에 속하며, 양성자와 함께 원자핵을 구성한다. 기호 n.

전하
물체가 띠는 정전기의 양. 같은 부호의 전하 사이에는 미는 힘이, 다른 부호의 전하 사이에는 끄는 힘이 작용한다. 한 점에 집중된 것을 점전하라고 하며, 이것이 이동하는 현상이 전류이다.

과 전기의 연결이 낯설게 느껴질 수 있지만 '물질의 변화를 다루는 화학'과 '전자의 움직임으로 인한 에너지인 전기'는 매우 밀접한 관계가 있다. 이는 물질을 구성하는 기본 단위인 원자의 구조를 보면 쉽게 알 수 있다. 우선 원자 구조를 살펴보자! 원자는 원자핵이 가운데 있고, 전자가 원자핵 주변에 분포하는 구조이다. 다시, 원자핵은 **양성자**와 **중성자**로 구성되어 있으며, 양성자는 (+)전하를 띠고 있는 반면에 원자핵 주변의 전자는 (-)전하를 띤다. 모든 원자는 전기적으로 중성이며, 이는 원자의 양성자가 가지고 있는 총 (+)전하의 합과 전자기 기지고 있는 (-)전하의 합이 같기 때문이다.

그러나 **전하**의 균형이 깨질 때 원자는 (+) 또는 (-)전하를 띠게 된다. 즉, 원자가 전자를 잃으면 (+)전하를 갖는 양이온으로 불리며, 외부로부터 전자를 받게 되면 (-)전하를 갖는 음이온이 된다. 이와 같이 전자를 받는 반응을 환원 반응, 전자를 잃는 반응을 산화 반응이라고 한다. 전자를 받거나 잃는 과정을 살펴보면 자연의 법칙 중 하나인 **물질보존의 법칙**에 의해 전자가 사라지거나 소멸되는 것이 아니라 단지 그 형태만을 바꾸면서 변화하는 것으로서, 어떤 물질이 전자를 잃는다는 것은 그 주변에 전자를 받을 수 있는 물질이 반드시 있다는 것을 의미한다. 즉, 산화 반응-환원 반응은 동시에 일어난다.

그러면 화학과 전기는 어떤 연관이 있는 것일까? 산화 반응에서 나오는(잃어버리는) 전자에 구리와 같은 전기를 통하는 금속(도전체)을 연결하면 **도전체**를 따라 이동하고, 전자가 도달하는 곳에서는 물질이 전자를 받아들이는 환원 반응이 일어난다. 그러나 전자가 도달한 곳에서 물질이 전자를 받지 못하는 경우에는 전자를 내놓는 산화 반응도 일어나지 않는다. 이와 같이 전자가 이동하는 현상은 전압 차가 존재할 때 일어나며 이 과정에서 전자는 일을 할 수 있는 능력(에너지)을 갖게 된다. 에너지와 관련된 줄$_{\text{Joule}}$의 법칙은 "1줄은 1쿨롱의 전하가 1V의 전압차를 통과하면서 하는 일의 양: $1J=1C \times 1V$"로 기술된다. 전자 하나가 가지고 있는 전하량이 1.6×10^{-19} 쿨롱임을 고려할 때 전자 약 6×10^{19}개가 1V 전압 차이를 통과할 때 1줄의 일을 하게 된다. 즉, 산화-환원 화학 반응을 이용하여 전기 에너지를 직접 만드는 것이다.

다니엘 전지

산화-환원 반응을 이용한 구체적인 예로서 전기가 통하는 용액(전해액)에 직경이 같은 아연과 구리 금속봉을 넣은 반응기(다니엘 전지)를 생각해보자. 아연과 금속을 연결하면, 아연 금속은 산화하면서 Zn^{+2} 이온의 형태로 전해액에 녹아들면서 두 개의 전자를 내놓는다(전자를 잃는다). 이때 나온 전자가 연결 된 선(회로)을 통

> **다니엘 전지**
> 1836년에 영국의 화학자 다니엘(Daniel)이 처음 고안한 전지. 황산아연 용액에 넣은 아연 전극과 황산구리 용액에 넣은 구리 전극을 이용하여 만든 가역 전지이다. 상온에서 약 1.1볼트의 전지 전위를 얻을 수 있지만 전지 성능이 좋지 않아 실용적이지 않다.

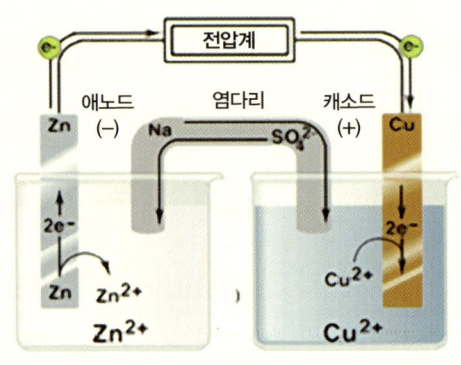

다니엘 전지

해 구리 금속 방향으로 이동하면 Cu^{+2} 이온이 환원되어(전자를 받아) 구리 금속으로 석출된다. 아래 사진은 산화–환원 반응의 결과로 변화한 아연과 금속봉의 모습을 보여준다. 그러면 전자는 어떻게 연결선을 따라 움직이는가? 용액 내에서 독립적으로 움직일 수 없는 음(-)의 전하를 가지고 있는 전자는 전도성을 지닌 고체 내에서 (+)방향으로 움직이게 되는데, 전자를 움직이게 하는 힘을 **전위** 또는 **전압**으로 부른다(아연과 구리를 이용한 다니엘 전지의 전위는 1.1V이다).

전자가 회로를 따라 움직일 때 회로 중간에 **부하**(예: 전구, 라디오 등)를 연결하면 전자는 전구에 불을 밝히거나 라디오를 작동시키는 일을 할 수 있게 되며, 일을 할 수 있는 능력의 크기는 아연 전극과 구리 전극 사이의 전위에 비례한다. 즉, 다니엘 전지는 아연이 녹고, 구리가 석출되면서 전기 에너지를 만드는 대표적인 에너지 변환장치(즉, 전지)의 한 종류로서 아연이 모두 녹아 없어지게 되면 전지의 생명도 멈추게 된다. 이 과정에서 아연 금속이 가지고 있는 화학 에너지가 산화–환원 반응을 통하여 전기 에너지

다니엘 전지에서 아연과 금속의 변화

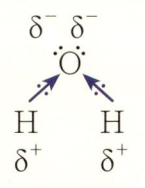

물 분자 내부의 공유결합

로 직접 바뀌는 변화가 일어나므로 아연을 금속연료라고 부르기도 한다.

위와 반대의 관점에서, 전기 에너지(전자)를 외부에서 강제적으로 공급하여 산화-환원 반응으로 물질을 변화시키는 방법을 생각해보자. 수소와 산소로 구성된 물(H_2O)을 분해하여 수소 기체를 만들고자 할 때, 왼쪽 상단의 그림과 같이 전자를 공유하고 있는 수소와 산소 사이의 강한 결합을 끊을 수 있는 2,000℃ 이상의 고온이 필요하다($2H_2O \rightarrow 2H_2+O_2$). 그러나 열에너지를 이용하지 않고 전기 에너지를 직접 이용하여 물로부터 수소를 생산한다면, 결과는 같지만 과정은 완전히 다르다. 전기 에너지를 공급하는 장치인 전원은 한쪽에서는 전자가 나오고 다른 쪽으로는 전자가 들어가도록 설계되어 있는 전자 펌프와 같은 역할을 한다(위에 설명한 다니엘 전지는 아연에서 전자가 나오고 구리로 전자가 들어가므로 전원의 역할을 할 수 있다. 즉, 전지는 전자 펌프와 같다). 오른쪽 아래 그림과 같이 물속에 두 개의 전극을 넣고 이 전극들을 전원으로 연결하면 전원으로부터 전자가 들어가는 전극에서는 전자가 갖는 에너지가 높아져 물 분자에 전자를 줌으로써(물이 전자를 받는 환원 반응), $2H_2O+2e^- \rightarrow H_2+2OH^-$, 수소 기체가 발생한다. 한편, 다른 전극에서는 물 분

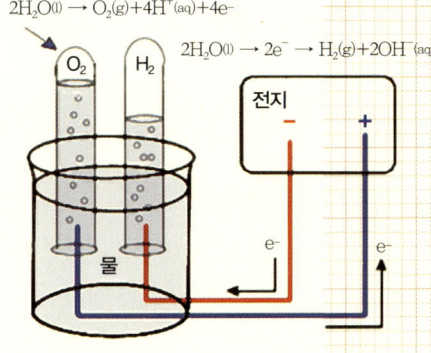

물의 전기분해

제 5 장 물질 변화와 에너지, 화학 평형

자에서 전자가 나오는 산화 반응에 의하여 2H$_2$O → O$_2$+4H$_2$+4e, 산소 기체가 발생하게 된다. 이와 같이 전기 에너지를 직접 이용할 경우 2,000℃ 이상의 고온이 아닌 15℃의 상온에서 수소 및 산소 기체를 얻을 수 있는 장점이 있다.

실생활에 적용되는 전기와 화학

그러면 전기와 화학을 이용하여 우리가 할 수 있는 몇 가지 예를 살펴보자. 최근 중동 사회의 급격한 변화 과정에서 리비아의 전 원수인 카다피의 저택에 황금 소파, 황금 총 등이 있었다는 기사를 접한 적이 있다. 순수한 금으로만 소파를 만들었다면 강도가 약해 몸무게가 적은 어린이가 앉더라도 쉽게 찌그러져 소파로서의 기능을 하지 못한다(물론 금의 경제적 가치는 그대로 유지된다). 그러나 단단한 물질로 소파를 만들고 그 위를 금으로 얇게 입히면 황금색을 띤 단단한 황금 소파가 되고, 많은 금을 사용하지 않고도 전체를 금으로 만든 효과를 얻게 된다.

이와 같이 금을 도금하는 방법은 단단한 소파의 표면에 전기를 통하도록 한 다음 이온 상태로 녹아 있는 금 용액과 접촉시킨다. 그리고 전원을 연결하여 소파의 표면에 전자를 공급하면 용액 속에 녹아 있던 금 이온(Au^{+3})이 전자를 받아(환원되어) 고체인 금(Au)으로 변화하게 되고, 이 과정을 잘 제어하면 균일하게 금이 도금된 황금 소파를 얻게 되는 것이다. 이와 비슷한 공정을 이용한 예로 휴대폰 전지의 뒷면에 있는 금색을 띤 작은 금속판을 들 수 있다. 이는 강판 위에 금을 얇게

다양한 색깔의 애플 iPod 제품

도금하여 만든 것으로 전지와 휴대폰이 접촉할 때 갖는 접촉 저항을 줄임으로서 에너지의 손실을 최소화할 수 있는 장점이 있다.

왼쪽 사진은 색깔이 다양한 iPod를 보여준다. iPod 케이스의 재질은 금속 알루미늄이며, 가정에서 사용하는 알루미늄 포일과 두께만 다를 뿐 거의 동일한 조성이다. 은색의 금속 알루미늄에 색을 넣기 위하여 물감 또는 염색약을 코팅한다고 해도 색성분과 알루미늄 표면의 밀착력이 좋지 않기 때문에 쉽게 붙지 않으므로 색을 표현할 수 없다. 그렇다면 어떻게 해야 다양하고 균일한 색깔의 알루미늄 케이스를 만들 수 있을까? 지금부터 그 방법을 알아보자.

알루미늄에 아래 그림과 같은 나노미터 크기의 직경을 갖는 무수하게 많은 기공을 만들고 그 안에 염료를 채워 넣은 후 입구를 막아서 염료가 빠져나오지 못하게 하는 방법을 사용하고 있다. 알루미늄 표면에 기공을 만드는 과정은 환원 반응을 이용하는 도금과는 반대로 산화 반응을 이용한다. 전원을 이용하여 금속 알루미늄을 저온의 산성 용액에서 산화시키면 금속표면에 다공성의 **산화막**이 생기는데, 이때 금속 알루미늄의 용출 속도와 산화막 생성 속도의 차이로 인해 위와 같은 균일한 분포의 나노다공성 알루미늄 표면이 만들어진다. 이렇게 형성된 기공 안에 염료를 넣

전기 화학적 방법으로 형성된 나노 다공성 알루미나

은 다음 끓는 물로 처리하면 기공 입구가 막히게 되어 색을 나타내는 것이다. 기공의 수가 많을수록 균일한 색을 얻을 수 있으며, 나노미터 크기의 기공을 만들 때 ㎡당 기공의 수가 1억 개 이상 되어야 아름답고 다양한 색의 알루미늄 금속 표면을 얻을 수 있다.

제6장

화학 반응과 속도

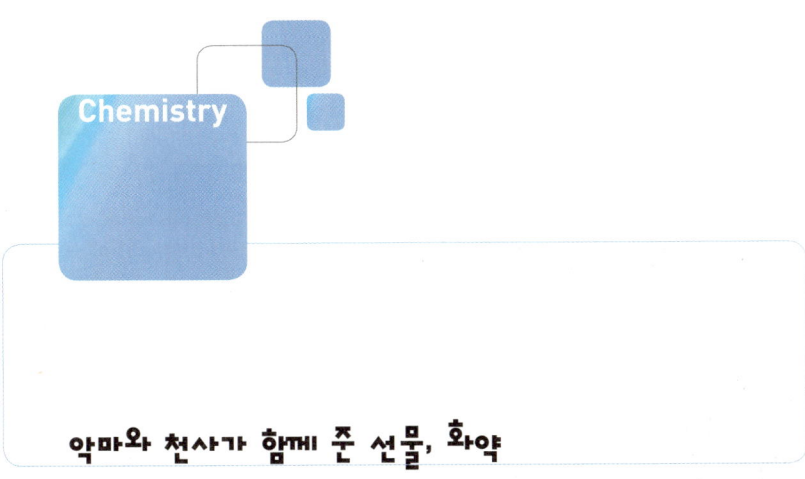

악마와 천사가 함께 준 선물, 화약

문상흡

화약 제조의 원리, 폭탄의 원리, 반응 속도

화약이 역사에 미친 영향

화약은 10세기경에 중국인이 처음 만든 것으로 알려졌다. 중국에서 화약은 주로 불꽃놀이의 재료로 쓰이는 데 그친 반면, 유럽으로 건너가서는 대포와 총을 만드는 데 사용되고 나아가 엄청난 위력의 폭탄으로 발전하였다. 19세기와 20세기에 걸쳐 막강한 무기를 앞세운 유럽 세력은 전세계를 장악하고 급기야는 화약의 발생지인 중국을 거의 식민지 상태로 만들었다. 이는 화약의 적극적인 활용에 따른 역사적인 결과라고 하겠다. 우리나라도 화약의 군사적 중요성을 감안하여 고려 우왕 3년(1377년)에 화통도감을 설립하고 화약

> **화통도감**
> 고려 우왕 때 설치한, 화약과 화통 만드는 일을 맡아 하던 관청. 최무선의 건의로 설치되었으며, 창왕 1년(1389)에 군기시라는 관청에 흡수되었다.

> 중국에서는 화약을 불꽃놀이에 많이 이용했죠.

히로시마에 투하되는 원자폭탄

을 제조하였으며 조선 초기에는 이를 토대로 성능이 우수한 폭탄과 새로운 무기를 제조하였다. 그러나 무기를 더욱 발전시키는 노력을 게을리 하다가 임진왜란 때 조총을 앞세운 일본에게 침략을 당하는 수모를 겪었다. 다른 아시아 국가들에 비해 군사적으로 앞섰던 일본은 제2차 세계대전을 일으켰지만 결국 미국의 **원자폭탄** 투하로 무조건 항복하고 말았다.

제2차 세계대전 당시 원자폭탄은 미국뿐만이 아니라 독일과 일본도 개발하고 있었고 특히 독일은 거의 완성 단계에 이르렀다는 사실이 밝혀지고 있다. 지나간 역사에 대하여 가정을 하는 것은 부질없는 일이지만, 만일 독일이 미국보다 먼저 원자폭탄을 개발해 사용했다면 오늘날의 세계 판도는 크게 바뀌었을 것이다.

세계 역사의 흐름을 크게 바꾼 전투로 흔히 1571년에 오스만투르크 제국과 서유럽 신성동맹군 사이에 있었던 레판토 해전과 1805년에 영국의 넬슨 제독과 프랑스의 나폴레옹·에스파냐 연합군 사이에 벌어진 트라팔가 해전을 꼽는다. 레판

트라팔가 해전을 승리로 이끈 넬슨 제독

토 해전의 결과로 유럽의 부는 이슬람 세력인 오스만투르크의 동유럽에서 기독교가 중심인 서유럽 지역으로 옮겨갔다. 그리고 트라팔가 해전의 승리로 영국은 대서양의 제해권을 장악하게 되었다. 여기서 우리가 눈여겨보아야 할 점은 이 두 해전이 모두 함선에 실린 대포의 사격전으로 이루어졌다는 사실이다. 오스만의 군대보다 많은 함포를 보유했던 기독교 연합군은 화력 규모에서 월등한 우위를 가졌고, 함포를 효과적으로 사용한 넬슨의 영국 함대는 프랑스·에스파냐 연합군을 쉽게 물리칠 수 있었다. 모두 화약의 힘으로 역사를 바꾼 예이다.

화약의 구성 요소와 폭발 원리

그렇다면 전쟁에서 승패를 좌우하는 화약은 과연 어떤 물질일까? 화약은 폭발을 하면서 다량의 열이나 기체를 순간적으로 발생시키는 물질

> **수소폭탄**
> 중수소(重水素)의 핵융합을 이용하여 만든 폭탄. 1952년 미국에서 처음으로 실험하였으며, 효과는 원자폭탄의 수천 배이다. 땅 위에서 폭발할 경우 반경 35km 이내는 폭풍과 고열로 인해 모두 파괴된다.

이다. 이처럼 열이 발생하면서 주위의 온도가 크게 오르고 또한 기체가 발생하면서 부피가 급격히 팽창해 주위의 물체를 휩쓸어버리게 된다. 화약을 사용한 폭탄이나 총은 바로 이와 같은 급격한 온도 상승이나 부피 팽창을 이용한 것이다. 즉, 폭탄은 화약의 폭발로 인하여 인체에 치명적인 작은 파편들이 사방으로 흩어지게 한 것이고, 총은 한쪽 방향이 열리고 나머지는 밀폐된 용기 내에서 화약을 폭발시킴으로써 열린 방향에 놓인 총알이 급격히 팽창하는 기체에 밀려 튕겨나가게 하는 것이다. 원자폭탄이나 **수소폭탄**의 경우에는 엄청난 양의 열이 순간적으로 발생하는 것 말고도 방사능 물질이 다량 방출되기 때문에 이로 인해 추가의 피해가 생긴다.

처음 발명 당시 화약은 **염초**(질산칼륨), **황**, 숯(탄소)을 적당한 비율로 섞은 혼합물로서 일명 **흑색화약**이라고 불렀다. 화약의 폭발 반응식은 아래와 같다.

> [흑색화약의 폭발]
> $4KNO_3$(질산칼륨) + $2S$(황) + $6C$(탄소)
> → $2K_2S$(황화칼륨) + $2N_2$(질소) + $6CO_2$(이산화탄소)

질산칼륨, 황, 탄소와 같은 반응물은 상온에서 모두 고체인데, 이들이 반응을 하면 많은 열과 함께 질소, 이산화탄소와 같은 기체들이 발생한다. 위의 식에 따르면 모두 8개의 기체 분자가 발생하므로 이로 인해 부피가 급격히 팽창하리라 예측할 수 있다. 폭발 반응은 통상적으로 일정한 온도 이상에서 일어나는데 이 조건을 **폭발한계**explosion limit라고 부른다. 따라서 화약을 폭발시키려면 온도를 한계점보다 높게 올리기 위한 별도의 기폭 과정이 필요하다.

화약이 폭발하려면 반응이 꼬리를 물고 일어나는 소위 연쇄 반응이 일어나야 한다. 이 연쇄 반응은 다량의 열이 발생하거나 또는 생성물이 다시 반응에 참여하는 경우에 일어나는데, 이를 식으로 나타내면 다음과 같다.

> [열에 의한 연쇄 반응] 반응물 → 생성물 + 열
> [생성물에 의한 연쇄 반응]
> U^{235} + n(중성자) → 생성물 + 2n(중성자)

위의 식에 대해 좀 더 자세히 설명보자. 모든 경우 온도가 높으면 반응 속도도 빨라지는데 위의 첫 번째 경우처럼 반응에 의해 다량의 열이 발생하면 이로 인하여 반응 온도가 높아지고 반응 속도가 더욱 빨라져서 더 많은 열이 발생하게 된다. 이처럼 열이 발생해 속도가 점점 빨라지는 반응을 **자열 반응**auto-thermal reaction이라고 부르는데 대부분의 폭발은 자열 반응에 속한다. 두 번째 경우는 원자폭탄을 구성하는 우라늄의 핵분열 반응에 해당된다. 즉, U^{235}를 중성자로 때리면 핵분열이 일어나면서 생성물과 함께 2개 이상의 중성자가 발생하는데, 이 중성자들은 다시 U^{235}를 공격해 추가의 핵분열이 일어나도록 한다. 이처럼 점점 많아지는 중성자의 양으로 인하여 핵분열의 속도는 더욱 빨라지고 결국 반응은 걷잡을 수 없이 빠르게 진행이 되어 마침내 폭발에 이르게 된다. 핵분열만이 아니라 수소폭탄과 같은 핵융합의 경우에도 유사한 연쇄 반응이 일어난다.

위에서 살펴본 것처럼 화약은 한계점을 넘으면 폭발을 하기 때문에 평상시에는 한계점 아래에 보관했다가 필요할 때 그 조건을 한계점 위로 올려서 폭발시킨다. 그러나 화약에 따라서는 그 한계점이 매우 낮거나 또는 보관조건을 조절하기가 힘든 경우가 있다. **니트로글리세린**도 이처럼 다루기가 매우 민감한 액체화약인데 노벨은 이를 규조토에 스며들게 하는 방법으로 안전하고 다루기 쉬운 **다이너마이트**를 발명하였다. 오늘날 값싼 전력을 공급하는 원자력 발전도 사실은 원자폭탄과 같이 U^{235}의 핵분열 반응을 이용하는데, 이 경우에는 매우 소량의 우라늄과 중성자를 사용하고 반응기도 냉각수 속에 넣어 운전하기 때문에 한계점보다 훨씬 낮은 조건을 유지한다.

다이너마이트를 발명한 노벨

원자력 발전 도중에 운전조건이 예기치 않게 한계점을 넘어 폭발을 일으킨 사고가 1986년 4월 26일 우크라이나의 체르노빌에서 일어났다. 이때 누출된 방사능 물질의 양이 1945년 히로시마에 투하된 원자폭탄의 350배였다니 그 재앙의 크기를 가늠할 수 있다. 당시에 러시아 당국은 며칠 동안 사고 발생을 세상에 알리지 않아 근처에 살던 사람들은 피할 수도 있었던 재해를 크게 입고 말았다. 이 사건을 계기로 인류는 화약을 안전하게 사용하기 위하여 더욱 노력해야 한다는 교훈을 얻었다.

  화약은 전쟁에 많이 사용되므로 우리에게 부정적인 이미지가 강하다. 그러나 이를 잘 관리하고 현명하게 사용한다면 현대 문명에 필수불가결한 재료임에 틀림이 없다. 예를 들어, 원자력 발전소에서 우라늄 1g의 핵분열로 얻는 에너지는 석탄 3톤을 태워서 얻는 에너지와 같다. 따라서 원자력 발전소를 안전하게 조업하면 환경오염 없이 값싼 에너지를 반영구적으로 생산할 수가 있다. 오늘날 다이너마이트를 사용하지 않고 굴을 뚫거나 다리를 놓으며 고속도로를 건설하는 것은 상상하기 힘들다. 화약이 과연 악마가 우리에게 준 재앙인지 아니면 천사가 준 축복인지는 우리가 이를 어떻게 사용하는지에 달려 있다.

예수의 시신을 덮은 수의

문상흡

반감기, 연대측정법

예수의 수의가 현존한다고?

이탈리아 토리노에 있는 산조반니 바니스타 성당의 왕실 예배당에는 길이 4m, 폭 1.22m인 희미한 갈색 천이 매우 소중하게 보관되어 있다. 1578년 이래로 400년이 넘도록 예배당에 보관되었던 천은 예수가 골고다의 언덕에서 십자가에 못 박혀 죽은 후 시신을 감쌌던 수의로 알려졌다. 키가 1.7m 정도 되는 사람을 감싸기에 충분한 크기의 그 천에는 희미하지만 머리 부분의 가시 자국, 채찍에 맞아 찢긴 상처, 어깨 위의 타박상, 피로 추측되는 붉은 반점들이 남아 있어 예수의 수의였던 사실을 반증하고 있다. 이 천은 1354년에 봉건영주이자 기사였던 조프루아 드 샤르네이가 예수의 수의라고 기록하였고, 그 후 샤르네이의 손녀인 마르그리트가 1454년에 사보이 왕가에 이를 기증하면서 오늘에 이르게 되었다. 이 천의 종교적 소중함은 14세기에 아비뇽의 대립 교황이었던 클레멘스 7세가 이를 숭배대상 가능물로 선언한 후부터 더욱 가치를 더했다. 사보이 왕가에서는 이 귀한 물건을 오랫동안 일반에게 공개하지 않았다. 그러다가 1931년 치러진

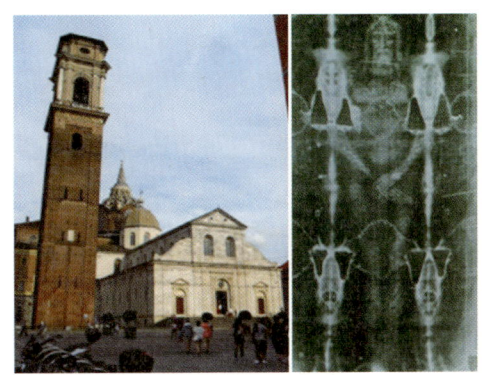

예수의 수의를 보관해온 산조반니 바니스타 성당(왼쪽)과 수의(오른쪽)

움베르토 왕자의 결혼식 때와 1978년 성당에서 이를 보관한 지 400년이 되는 때를 기념하여 잠시 일반에게 공개를 했을 뿐이다.

한편 이 물건이 예수의 수의라는 주장에 대한 반론도 만만치 않았다. 1389년에 공개되었을 때 트루아troyes의 주교는 이것이 단순히 누런 천에 가짜 색칠을 한 것에 지나지 않는다고 주장하였다. 그 후에도 천에 있는 상처 자국과 반점들이 너무나도 예수의 수의라는 상상력을 충족시키기에 알맞게 남겨졌다는 점에서 의문이 제기되었다. 19세기 이래로 과학자들은 이 오래된 논쟁의 진실을 밝히기 위해 많은 노력을 하였다. 그러나 결정적인 증거가 없는 한 어느 쪽도 상대방의 주장을 완전히 부정하고 자신이 옳음을 증명할 수는 없었다.

수의의 진실을 밝혀낸 탄소 연대측정법

그러다가 1960년에 미국의 윌라드 리비Willard Libby 교수가 **탄소 동위원**

> **동위원소**
> 원자 번호는 같지만 질량수가 다른 원소. 1901년 영국의 화학자 소디(Frederik Soddy)가 개념을 확립시키면서 이 명칭을 붙였다. 자연에 존재하는 동위원소의 혼합비는 거의 일정하다.

소인 C^{14}를 이용하여 연대를 측정하는 방법을 고안하고 그 업적으로 노벨화학상을 받으면서 이 논쟁을 끝낼 수 있는 실마리가 생겼다. 드디어 1988년에 사보이 왕가의 허락을 얻어 이 물건의 귀퉁이에서 작은 천 조각을 잘라내고 이를 미국의 애리조나, 스위스의 취리히, 영국의 옥스포드대학교 연구실로 보내어 **C^{14} 연대측정법**으로 천의 제조시기를 알아보았다. 세 대학교의 연구실이 각각 독립적으로 실험을 수행하였음에도 불구하고 그 결과는 놀랍게도 일치하였다. 이 천의 재료인 아마포는 서기 1260년에서 1390년 사이에 제작되었다는 것이다. 이 시기는 수의가 공개된 시점인 1389년을 포함하여 최대 약 130년 전이기 때문에 그 결과의 신빙성을 더해주었다. 결국 예수가 사망한 지 천 년이 지난 후 누군가가 천에 그럴듯하게 색칠을 하고 이를 예수의 수의라고 거짓말을 한 것이다. 이 분석 결과는 바니스타 성당의 추기경이 같은 해 10월에 직접 발표했고 이어서 로마 가톨릭 교회가 이 물건이 가짜라는 사실을 인정하였다. 논리에 근거를 둔 과학의 힘이 교황을 포함한 많은 사람들의 오래된 논란을 잠재운 것이다.

그러면 C^{14} 연대측정법이란 무엇일까? 지금부터 그 원리를 설명하고 유사한 다른 방법에 대하여 소개하겠다. 탄소는 원자핵이 양성자 6개, 중성자 6개로 이루어져 원자 무게가 12인 것이 가장 많지만 일부는 양성자 6개, 중성자 8개로 이루어져 원자 무게가 14인 것(C^{14}로 표기)도 있다. 이와 같은 탄소의 동위원소 C^{14}는 시간이 지나면 양성자 7개, 중성자 7개인 질소(N^{14})로 변환된다. 화학 반응에서 초기의 양이 반으로 줄어드는 기간을 **반감기** half life 라고 하는데, C^{14}의 경우에는 반감기가 5,730년이다. 재미있는 사실은 반감기가 초기의 양에 상관없이 항상 일정하다는 점이다. 예를 들어 처음 있었던 C^{14}의 양이 1g이라고 했을 때 그것이 0.5g이 되는 데 5,730년이 걸리고, 그 양이 다시 0.25g으로 줄어드는 데 5,730년, 또다시 0.125g이 되는 데 5,730년이 걸리는 식이다. 이와 같은 현상은 반응 속도가 반응물의 농도에 비례하여 진행되는 1차 반응의 경우에 공통적으로 나타나는 특성이다.

[1차 반응의 속도식]

$C^{14} \to N^{14}$ 반응이 1차 반응이면 그 반응 속도식은 아래와 같다.

$$d[C14]/dt = -k[C^{14}]$$

여기서 $[C^{14}]$는 C^{14}의 농도이고, t는 시간, k는 **반응 속도상수**이다. 따라서 위의 식은 반응물이 시간에 따라 없어지는 속도, 즉, $d[C^{14}]/dt$ 가 반응물의 농도 $[C^{14}]$에 비례한다고 표시하고 그 비례상수를 반응 속도상수 k로 적은 것이다. $[C^{14}]$는 시간에 따라 감소하므로 $d[C^{14}]/dt$는 음수값을 갖는다.

위의 반응 속도식은 아래의 과정을 거쳐 적분할 수 있다.

$$d[C^{14}]/[C^{14}] = -kdt, \, d\ln[C^{14}] = -kdt, \, \ln[C^{14}] = -kt + \ln[C^{14}]_0$$

여기서 $[C^{14}]_0$는 초기(t = 0)의 반응물 농도이다.

따라서 반응물의 농도 $[C^{14}]$가 초기 값 $[C^{14}]_0$에 비하여 얼마로 줄었는지를 알면 위의 마지막 식을 이용하여 반응이 진행된 시간을 알 수 있다. 특히 반응물의 농도가 초기값의 반으로 줄어드는 시간을 반감기($t_{\frac{1}{2}}$로 표시)라고 하는데, 이는 아래와 같이 얻을 수 있다.

$$\ln\{[C^{14}]_0/2\} = -kt_{\frac{1}{2}} + \ln[C^{14}]_0, \, kt_{\frac{1}{2}} = \ln 2, \, t_{\frac{1}{2}} = [\ln 2]/k$$

위의 마지막 식에서 보듯이 1차 반응의 경우에 반감기 $t_{\frac{1}{2}}$는 반응물의 초기 농도 $[C^{14}]_0$에 무관하고 오로지 반응 속도상수 k에만 의존함을 알 수가 있다. C^{14}의 경우에 반감기, 즉, $[\ln 2]/k$ 값은 5,730년이다. 바니스타 성당의 천 조각을 받은 과학자들은 그 속에 있는 C^{14}의 양을 정밀하게 측정하였다. 지구의 대기 중에는 항상 일정한 비율의 C^{14} 동위원소가 존재한다. 따라서 여기서 탄소동화작용을 하며 자란 모든 식물은 역시 동일한 비율의 C^{14} 동위원소를 포함하고 있다. 그러나 식물이 죽어서 더 이상 탄소동화작용을 하지 않으면 대기 중의 탄소가 식물체로 유입되지 않고 그 대신 이미 가지고 있는 탄소 중에서 C^{14}는 N^{14}로 변환된다. 이처럼 식물체가 죽은 후 시간이 지남에 따라 C^{14}의 함량은 점차 줄어들게 되는데, 그 양을 측정하고 이를 대기 중에 있는 C^{14} 양과 비교하면 식물체가 죽은 후 얼마의 시간이 지났는지 알 수 있다. 이 원리를 이용한 것이 바로 C^{14} 연대측정법이다. 천 조각에 남은 C^{14}의 함량을 측정한 과학자들은 천을 짜는데 쓰인 아마가 탄소동화작용을 멈춘 지 598년~728년이 지났다고 밝혀낸 것이다.

위에서 설명한 연대측정법은 C^{14} 외에도 여러 가지 원소를 이용할 수 있는데 원소에 따라 서로 다른 반감기를 갖는다. 즉, Al^{26}은 74만 년, K^{40}은 12억 6천만년, U^{238}은 45억 1천만 년, Ru^{87}은 500억 년의 반감기를 각각 갖는다. 이 원소들이 지구 속의 용암에 녹아 있을 때는 일정한 비율로 존재하지만 지구 표면에 분출이 된

방사선
방사성 원소가 붕괴할 때 물체에서 방출되는 입자들. 프랑스의 물리학자 베크렐Becquerel이 우라늄 화합물에서 발견했으며, 알파선·베타선·감마선이 있다. 투과력이 세고 감광 작용, 형광 작용을 한다.

후에는 방사선을 내며 분해가 되기 때문에 C^{14}의 경우처럼 이들의 함량 또는 방사선량을 측정함으로써 해당 원소가 지구상에 노출된 시기를 알 수 있다. C^{14}처럼 반감기가 짧은 것은 지구상에 살았던 동식물의 연대를 측정하는 데 쓰이지만 이보다 반감기가 긴 원소들은 암석 또는 화석의 연대를 측정하는 데 이용된다.

탄소 연대측정법으로 비밀이 밝혀진 투탕카멘 황금 마스크

예를 들어, 2008년에 서해의 섬인 대이작도에서 채취한 암석을 우라늄 반감기 연대측정법으로 분석한 결과 남한에서 가장 오래된 암석이 25억 년 전에 형성되었다는 사실이 밝혀졌는데, 이는 종전에 약 19억 년 전이라고 알려진 것보다 약 6억 년 더 오래된 것이다. 이 밖에도 중생대에 살았던 공룡의 화석에서 이들의 생존 연대를 밝혀내는 일, 황금 마스크를 쓴 이집트 투탕카멘 황제의 비밀을 밝혀내는 일 등에 앞에서 설명한 연대측정법이 유용하게 사용되고 있다.

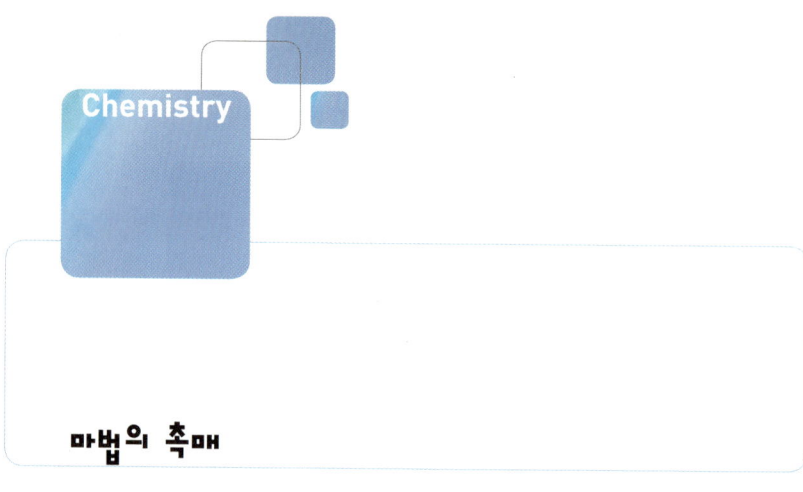

마법의 촉매

이관영

촉매의 역할, 촉매 반응

상압
특별히 압력을 줄이거나 높이지 않았을 때의 압력. 보통 대기압과 같은 1기압 정도의 압력을 이른다.

촉매
자신은 변하지 않으면서 다른 물질의 화학 반응을 빠르게 하거나 늦추는 물질. 반응을 빠르게 하는 정촉매(正觸媒)와 반응을 늦추는 부촉매(負觸媒)가 있다.

탱탱하던 고무가 오래되면 딱딱해지고 탄력을 잃으면서 금이 가는 현상, 반짝반짝 빛이 나던 못이나 쇠붙이가 어느 틈엔가 벌겋게 녹이 스는 현상은 상온, 상압하에서 그 변화를 감지하기 어려울 만큼 화학 반응이 느리게 진행된다. 하지만 우리가 필요로 하는 제품을 생산하는 과정에서 이러한 반응들이 의미를 가지려면 평소보다 훨씬 가속화된 반응 속도가 필요하다. 반응 속도를 변화시킬 수 있는 요소로는 온도, 농도, 압력과 함께 촉매를 들 수 있다. 지금부터 단순한 흙이나 돌조각처럼 보이는 촉매가 화학 반응을 일으킬

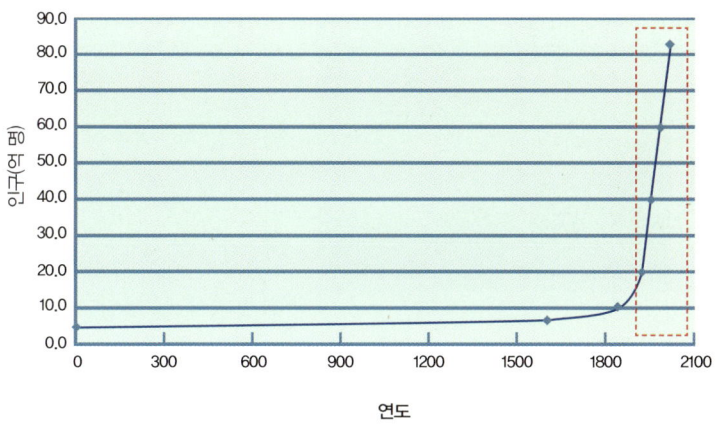

연도별 세계 인구 변화

때 나아가 인간생활 더 나아가서는 인류 문명에 얼마나 큰 마술 같은 힘을 발휘할 수 있는가를 살펴보자.

인류의 여러 가지 문제를 풀어준 촉매

20세기 최고의 발명품으로는 인류의 식량 문제를 해결해낸 암모니아 합성 공정을 들 수 있다. 암모니아를 합성하는 반응에는 철을 주성분으로 한 촉매가 사용된다. 세계 인구의 추이를 살펴보면 18세기까지 지구 인구의 변화는 거의 직선으로 크게 변화하지 않았으나 19세기 지구 인구는 약 1.5배 증가하고 20세기에 들어서는 15억 명에서 60억 명으로 4배나 증가하기에 이른다. 여러 차례 세계 전쟁을 치르면서도 이와 같이 지구 인구가 비약적으로 증가하게 된 데에는 식량 문제를 해결한 화학

가미카제 특공대

비료의 힘이 컸다. 인류가 가장 흔하고 친근하게 사용하는 금속인 철 덕분에 식량 문제가 해결되고 아주 짧은 기간에 지금과 같은 인류 문명의 전성기에 들어설 수 있었다는 점이 매우 흥미롭다.

하버-보슈법에 의한 암모니아 합성은 공중 질소를 고정화하였다는 의미 외에 탄화수소로부터 수소를 만들어내게 되었다는 점에서 또 다른 중요한 의미가 있다. 제2차 세계대전 때 일본과 독일은 미국을 중심으로 한 연합군과 전쟁을 한다. 자살 특공대로 잘 알려진 일본의 가미카제 특공대가 자살 공격이라는 무모한 공격을 한 데에는 일본에서 미국을 공격하고 돌아올 만큼 충분한 기름을 확보하지 못한 것이 주요한 이유 중 하나였다. 결국 일본의 패망은 원활하지 못했던 물자 공급이 하나의 원인이었던 것이다. 당시 부족한 석유를 확보하기 위해 일본과 독일은 석탄 등을 원료로 석유를 만드는 촉매 공정을 개발하였다. 석탄을 가스화하여 합성가스(일산화탄소와 수소)를 만들고 합성가스를 철이나 **코발트**를 촉매로 사용하는 피셔-트롭슈 반응에 의해 석유류를 합성하는 공정이다. 석탄을 원료로 하여 합성가스를 생산하는 공정은 암모니아 합성을 위한 하버-보슈 공정의 수소

> **피셔-트롭슈 반응**
> **(Fischer-Tropsch reaction)**
> 자성 산화철 촉매로 상압이나 고압과 고온하에서 일산화탄소와 수소로 된 합성가스를 탄화수소물로 바꾸는 반응.
> 이 공정은 가솔린이나 경유 같은 액체와 기체 탄화수소 연료를 생산할 때 쓰이며 1940년경 독일에서 처음 사용되었고, 독일의 화학자 피셔와 트롭슈의 이름에서 유래되었다.

생산 과정에서 첫 단계에 해당한다. 결국 암모니아 합성 공정은 석탄으로부터 석유를 생산하는 공정의 시작점이었다고 할 수 있다. 이 공정은 전쟁 후 남아프리카의 사솔Sasol사를 비롯하여 독일 등에서 상업화되었으나, 전쟁 후 중동에서 대규모 유전이 개발되어 안정된 가격으로 석유가 공급됨으로써 사솔을 제외한 다른 기업들은 문을 닫게 되었다.

사솔사는 남아프리카의 인종 차별로 인한 정치적 고립으로 인해 석유류의 통상이 금지되자 자국 내 풍부한 석탄을 이용하여 계속 석유를 만들 수 있었다. 그런데 최근 석유 수급이 어려워지자 전세계 국가들이 석탄을 원료로 석유를 만드는 사솔 공정에 관심을 가지기 시작했다. 이로 인해 전세계에서 유일하게 석탄액화 공장을 가동하고 있는 사솔사는 상종가를 치고 있다. 촉매 공정이 전쟁은 물론 에너지 문제에까지 영향을 준 예라 할 수 있다.

제2차 세계대전 후에는 석유가 안정적으로 공급되기 시작하면서 석유를 원료로 한 연료는 물론 다양한 화학 제품들이 생산되었다. 연료나 화학 제품의 생산에는 다양한 화학 반응들이 일어나고 이 같은 반응을 일으키는 데에는 촉매의 사용이 필수적이라 할 수 있다. 팔라듐과 동 촉매를 이용하여 에틸렌을 아세트알데히드로 산화하는 와커Wacker 반응, Bi-Mo 산화물 촉매를 사용하여 프로필렌을 암모니아, 산소와 함께 반응시켜 아크릴로니트릴을 합성하는 반응, 치글러-나타 촉매에 의한 폴리에틸렌, 폴리프로필렌의 합성 등 전과는 전혀 다른 제조 기술이 촉매의 발전에 의해 새롭게 등장했고 이를 기반으로 한 대규모 석유화학공업이 꽃을 피우게 되었다.

자동차에도 촉매가 필요하다고?

촉매 가운데서 우리 생활과 가장 밀접한 촉매는 아마 자동차 촉매일 것이다. 가솔린을 연료로 하는 자동차에는 **삼원 촉매**라고 불리는 촉매가 모든 자동차에 장착되어 있다. 가솔린 자동차의 배기가스에는 연료가 완전 연소되지 않고 배출되는 미연 탄화수소, 일산화탄소, 그리고 엔진의 높은 온도에서 연소가 일어나 공기 중 질소와 산소가 반응해 생성되는 **산화질소**(NO_x) 등 오염 물질이 들어 있다. 미연 탄화수소와 일산화탄소는 산화 반응에 의해 이산화탄소로 전환되고, 산화질소는 환원에 의해 질소로 전환되어야 해가 없어진다. 결국 적절한 촉매를 사용해 미연 탄화수소와 일산화탄소를 산화질소의 환원제로 사용하여 세 개의 유해 물질을 동시에 제거해야 하는 것이다. 이들을 한번에 제거하기 위한 촉매로는 백금, 팔라듐, 로듐이 사용되고 있다. 자동차 촉매의 경우 배가스의 흐름에 압력이 가해지게 되면 원활한 엔진 가동을 할 수 없다. 그래서 압력이 걸리지 않게 하면서 촉매와의 접촉을 극대화하기 위한 촉매 시스템이 고안되었다. 다음 그림과 같이 벌집 모양의 지지체에 비표면적이 넓은 알루미나와 같은 다공성 물질을 입히고, 그 표면에 촉매를 담지하여 사용한다.

촉매 연구자들은 항상 기존의 반응에 비해 더 높은 활성을 가지고 원하는 생성물만을 보다 선택적으로 생성하면서 수명이 긴 촉매를 개발하고자 한다. 특히 고체 촉매의 개발은 고체 표면에 흡착하여 존재하는 반응 중간체의 양이 적고 그 상태로 존재하는 시간이 짧으며 존재하는 상태가 일정하지 않으므로 각종 표면 분석법을 활용한다고 하더라도 그

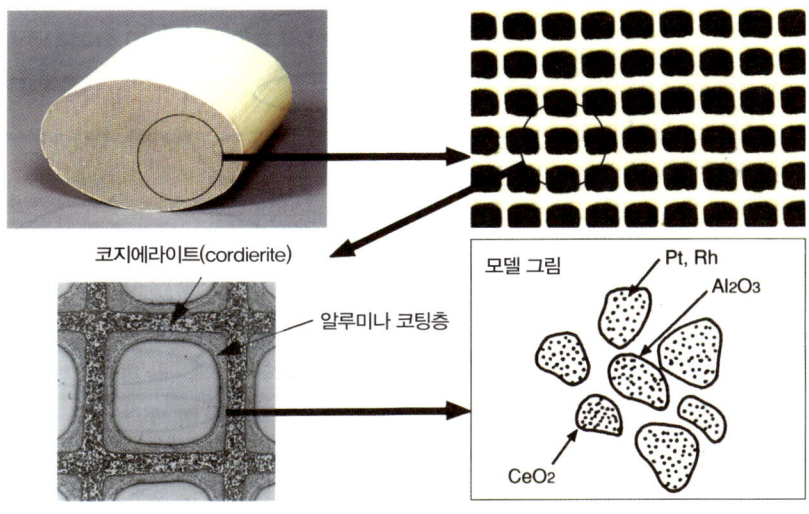

자동차 촉매

분자를 직접 관찰하기는 쉽지 않다. 더욱이 고온 고압 반응과 같은 실제 반응 조건에서 반응 중간체가 어떤 형태를 취하는가를 분석하기는 거의 불가능하다. 이러한 이유로 촉매 개발은 블랙박스 또는 아트로 불리며 많은 시행착오를 겪고 있다. 그럼에도 불구하고 무모할 것 같은 이러한 시도 덕분에 그동안 많은 성과가 있었으며, 최근 들어 몇 가지 이유로 촉매 개발에 획기적인 변화가 일어나고 있다. 첫째, 나노 기술의 발달이다. 나노 소재의 합성법은 물론 나노 물질의 분석법이 빠른 속도로 개발되고 있으며 촉매 개발에 활용되고 있다. 또 다른 변화는 슈퍼컴퓨터의 발달에 따른 계산 화학의 발달이다. 분자의 움직임을 계산 화학적으로 추적해가는 것이 가능해진 것이다.

촉매 개발에도 적용되는 나노 기술

　최근의 나노 기술은 모든 산업을 한 단계 도약시킬 정도로 기세등등하다. 금은 원래 산화되기 가장 어려운 금속으로 변하지 않는 사랑을 상징하며 결혼 예물로 사용되어왔다. 그런데 금을 나노 크기로 만들면 상상하기 어려운 산화 촉매 능력을 갖는다는 것이 1990년대 초에 밝혀졌다. 금 나노 입자를 적절한 담체를 사용하여 고분산시켜 촉매를 제조하면 일산화탄소의 산화 반응을 상온에서도 진행할 수 있다. 왼쪽 아래는 금 나노 입자를 **타이타니아 담체** 위에 고분산으로 담지한 사진이다. 1980년대까지 연탄을 난방용으로 사용하던 우리나라의 경우 동절기 사망 원인 1위는 연탄가스에 의한 중독사였다. 연탄가스의 주성분이 일산화탄소였던 것을 생각하면 금 나노 촉매의 발견이 조금만 빨랐다면 수많은 사람을 살릴 수 있는 기술로 널리 사용되었을 것이라는 아쉬움이 남는다. 금 촉매와 같이 상온 또는 저온에서 촉매 작용하는 물질을 개발하면 추가적인 열원 없이 다양한 용도를 갖는 촉매를 개발할 수 있다.

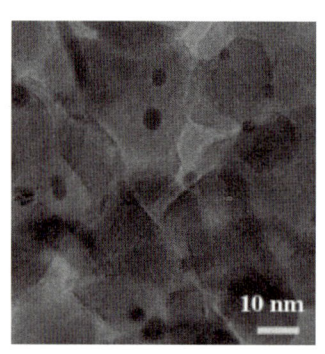

타이타니아 위에 고분산된 금 나노 촉매

　사용 기한을 맞춰 교환하며 사용해야 하는, 흡착능을 이용한 냉장고 탈취제를 촉매로 바꾸면 정기적인 교환 없이 장시간 탈취 효과를 기대할 수 있다. 열 대신 빛, 특히 가시광선에 반응하는 **광 촉매**를 개발하게 된다면 화장실의 탈취는 물론 항상 깨끗한 고속도로 방음벽, 유리 등과 같은 새로운 용도를 개척해나갈 수 있다.

　가시광선에 반응하는 촉매의 개발, 과학자라면

누구나 도전하고 싶은 꿈 같은 이야기이다. 그러나 자연계에는 이미 엽록소라는 촉매가 존재한다. 이처럼 태양광과 물을 원료로 광합성이라는 반응을 통해 식물에 에너지를 공급하는 자연계의 촉매인 엽록소를 모사한 촉매를 개발하여 인공 광합성을 완성하게 된다면 태양이 존재하는 한 지구의 에너지 문제는 완전히 해결될 것이다. 아울러 엽록소 촉매 또한 비약적으로 발전하고 있는 나노 기술과 계산 화학의 도움으로 머지 않아 현실화될 것이라 확신한다.

JUMP IN LIFE

마징가 제트의 한글 선생님 만세!
– 치글러 · 나타 촉매

히창식

📖 폴리올레핀, 촉매의 중요성, 관조를 통한 발견

마징가 제트는 이제 막 한글을 배우기 시작한 내 외국인 친구 이름이다. 그는 외국인을 위한 한글학교에 다니고 있다. 가갸거겨고교구규……. 마징가 제트가 처음에 자음과 모음을 배울 땐 쉬운 것처럼 보였는데, 배워야 할 단어가 많아질수록 자꾸 어려움이 더해간다. 한글을 처음 배우는 외국인은 누구나 그러하겠지만, 숫제 우리말 단어들을 베껴 그린다. 어느 날 마징가가 '문'이란 글자를 배우고 있는데, 옆자리 친구가 쓴 공책이 책상 아래로 떨어졌다. 그런데 그 공책에는 '곰'이라고 씌어 있었다. '문'이라는 글자를 쓴 공책이 거꾸로 되어 있었던 것이다. 첫 자음이 무엇인지 받침이 무엇인지 아직 모르던 마징가는 왜 '문'이 '곰'이 되었는지 알지 못했다.

그 모습을 물끄러미 쳐다보던 우리의 한글 선생님! 무릎을 치면서 이렇게 설명을 덧붙였다. "그래, '문'은 door를 말하고, '곰'은 bear를 말한다"고 설명하니, 마징가는 고개를 끄떡이며 '곰'과 '문'의 차이를 확실히 알게 되었다고 좋아한다. 곰과 문, 비록 옆자리 친구의 우연한 실수로 인한 것이었지만, 마징가에겐 어려웠던 단어의 차이를 금방 이해하게 되면서 두 단어를 한꺼번에 알게 되었다. 선생님은 학생의 실수에서 하나의 단어 대신 두 개의 단어를 동시에 가르치는 방법을 찾아낸 기쁨에 무릎을 쳤다.

관조를 통한 위대한 발견들

연구자들이 실험실에서 통상적으로 바라보기 때문에 그냥 지나치거나 관찰된 사실들도, 잠시 그 문제들을 제쳐두었다가 다른 각도로 바라보았을 때 생각지도 못했던 중요한 사실을 발견하게 되는 경우가 있다. 지금부터 그런 사례들을 살펴보자.

가황vulcanization이라는 말은 생고무에 황을 넣어서 고무를 단단하게 만드는 공정으로 오늘날 고무 산업에서 활용되는 아주 중요한 기술이다. 하지만, 굿이어Charles Goodyear라는 화학자가 가황 원리를 발견하기 전까지 고무는 오늘날의 고무처럼 좋은 물성을 낼 수 없었다. 아마 여러분들은 우리나라의 한국타이어나 금호타이어처럼 굿이어타이어라는 상표를 들어본 적이 있을 것이다.

굿이어는 생고무의 물성을 향상시키기 위해 밤을 새워 연구에 연구를 거듭하였지만 성공하지 못했다. 그러던 어느 날, 굿이어가 저녁을 먹은 뒤 실험실에 돌아와서 보니 생고무가 노랗게 변해 있었다. 의아해하며 고무를 만져본 굿이어는 깜짝 놀랐다. 물처럼 물렁물렁하던 생고무가 딱딱하게 변해 있지 않은가! 노란색 가루를 손가락으로 쓸었더니 유황가루가 묻어났다. 나중에 알아보니 이웃집에 쌓아두었던 유황가루가 날아 들어와 고무에 묻어 무언가 작용을 일으킨 것이었다. 고심을 거듭한 끝에 굿이어는 날아든 유황가루가 생고무의 물성을 완전히 변화시킨 원인임을 알게 되었다. 이

가황 원리를 발견한 굿이어와 타이어

른바 가황의 원리를 발견한 것이다. 굿이어는 이 발명으로 엄청난 돈을 벌게 되었다. 이러한 예는 굿이어뿐만 아니다.

퀴리 부인이 방사선 동위원소 연구로 노벨상을 두 번이나 수상한 역사상 최고의 여성과학자임은 여러분들도 잘 알 것이다. 퀴리 부인 역시 라듐을 발견하기 전까지 숱한 땀을 흘렸지만 새로운 원소를 찾는 데 실패를 거듭하여 실험을 거의 포기하기에 이르렀다. 그때 우연히 그릇 바닥에 묻어 있던 라듐에서 뿜어내는 방사선에 의한 빛을 발견하고 하늘을 날듯이 기뻐했다. 퀴리 부인은 우연히 찾아온 기회를 놓치지 않고 끈질기게 연구한 결과 라듐 원소를 발견하였고 노벨상을 수상하기에 이르렀다.

뛰어난 과학적 발견의 역사를 살펴보면, 우연히 새로운 발견 혹은 발명의 기쁨을 맛본 예가 적지 않다. 물론 과학자들이 숱하게 고민하고 연구한 노력이 있었기에 가능했을 것이다.

과학의 역사에서, 이렇게 자신의 전공 분야를 다른 시각으로 바라볼 때 뜻하지 않게 놀라운 발견 혹은 발명을 하는 경우를 종종 찾아볼 수 있다. 과학의 역사에서 우리는 그런 경험을 '관조'라고 부른다. 영어로는, 우연히 중요한 발견을 하는 것을 세렌디피티serendipity라고 한다. 굿이어나 퀴리 부인, 그들이 그토록 해결하려고 노력했던 생고무의 물성 향상이나 방사성 원소의 연구 활동에서 잠시 비켜선 채로, 우연히 이웃집에서 날아 들어온 유황가루에 의해 가황의 원리를 발견했을 때, 또한 숱한 실패와 땀 끝에 실험을 포기하고 싶을 때 우연히 그릇 바닥에 묻어 있던 라듐에서 뿜어내는 방사선에 의한 빛을 바라보았을 때

느꼈던 기쁨은 관조하는 사람에게 주어지는 커다란 축복이었으리라.

우리는 흔히 관조라는 단어를 생각하면 그저 바라만 본다는 뜻으로 생각한다. 그러나 관조의 본래 의미는 고요한 마음으로 사물이나 현상을 관찰하거나 비추어보는 것을 뜻한다. 자신이 계속 해오던 일에서 관점을 바꾸어 다른 각도에서 그 일이나 사물에 대해 생각해봄으로써 새로운 사실을 깨달을 때 비로소 관조의 놀라운 기쁨을 맛볼 수 있을 것이다. 과학적 사실을 밝히는 데 이러한 관조의 도움을 경험할 기회가 많다. 어떤 실험 결과에 대해 깊이 생각해도 해석이 되지 않거나 실험에 대한 앞으로의 계획이 잘 생각나지 않을 때 전공이 전혀 다른 사람이 엉뚱한 방법으로 우연히 아이디어를 제시했을 때 그것이 그야말로 기막힌 돌파구가 되는 경우가 많다.

우리 생활에서 중요하게 사용되는 플라스틱 중 대표적인 것으로 **폴리에틸렌(PE)**, **폴리프로필렌(PP)** 등이 있다. 폴리에틸렌은 쇼핑백이나 온실 비닐 등에 사용되는 고분자 재료이고, 폴리프로필렌은 약수통이나 노끈 등으로 널리 사용되는 고분자 재료이다. 이들 플라스틱들이 처음 석유 가스들로부터 만들어졌을 때는 실제로 사용하기에 적합하지 못할 정도로 물성이 좋지 않았다. 그 당시 폴리에틸렌이나 폴리프로필렌 등은 모두 분자 구조에 규칙성이 없어서 물성이 형편없었던 것이다. 우리가 오늘날 널리 사

폴리에틸렌(PE) 제품들

폴리프로필렌(PP) 제품들

치글러(왼쪽)·나타(오른쪽)

용하고 있는 튼튼한 폴리에틸렌이나 폴리프로필렌 등은 분자 구조가 규칙적으로(더 정확히 말해 **입체규칙적**이라 부른다) 된 것들이다. 이런 폴리에틸렌이나 폴리프로필렌이 세상에 등장하게 된 데는 치글러Karl Ziegler · 나타Giulio Natta 촉매가 결정적으로 영향을 미쳤다. 즉 치글러 · 나타 촉매로 폴리에틸렌이나 폴리프로필렌을 중합할 때 분자 구조가 규칙적인 폴리에틸렌 혹은 폴리프로필렌이 만들어지게 된 것이다. 치글러와 나타는 이 공로로 1963년도 노벨화학상을 수상하였다.

그런데 이 치글러와 나타 촉매의 발견이 관조의 중요성을 보여주는 대표적인 과학적 성과가 아닐까 생각한다. 치글러와 나타는 전공 분야가 전혀 다른 연구자들이었음에도 불구하고, 역사적으로 중요한 발견을 하는 데 서로가 큰 기여를 했다. 치글러와 나타는 치글러 · 나타 촉매라고 알려진 촉매를 사용하여 분자 구조가 규칙적인 폴리프로필렌 합성법을 발명했다. 원래 치글러는 자신이 개발한 치글러 촉매로 에틸렌 가스를 저온에서 중합하여 높은 밀도를 가진 폴리에틸렌(고밀도 폴리에틸렌: HDPE)을 합성하는 데 성공했다. 하지만 치글러 자신은 그 촉매가 어떻게 고밀도 폴리에틸렌을 만드는지 그 과정을 알지 못했다. 나타는 고분자와는 전혀 상관없는 X선에 의한 **유기 화합물**의 구조결

> **유기 화합물**
> 탄소의 산화물이나 금속의 탄산염을 제외한 모든 탄소 화합물을 이르는 말. 동식물에 의해서만 생성될 수 있다고 알려졌으나, 1828년 뵐러(Friedrich Wöhler)가 무기화합물에서 요소를 합성한 뒤로 무기화합물과의 구별이 사라졌다.

정을 전공하는 과학자였다. 나타는 우연히도 치글러 촉매의 특별한 효과를 접하고, 기업의 협조를 받아 폴리에틸렌이 아닌 폴리프로필렌 합성을 연구하게 되었다. 나타는 치글러 촉매에 의한 고밀도 폴리에틸렌(HDPE) 합성 소식을 접했을 때 그는 자신의 X선 구조결정 경험을 바탕으로 치글러 촉매의 비밀을 밝힐 수 있으리라 생각했다. 치글러 자신도 알지 못했던 그 촉매의 비밀을, 나타는 다른 분야를 선입견 없이 바라보는 관조로 인해 치글러 촉매의 비밀을 밝히는 동시에 자신의 전공 분야와는 다르게 분자 구조가 규칙적인 폴리프로필렌을 합성하는 데 성공했다. 치글러의 탁월한 합성 경험과 나타의 X선 구조결정 경험에 덧붙여 나타의 직관적 관조가 큰 역할을 하였기에, 오늘날의 플라스틱 시대를 여는 선구자가 될 수 있었다.

　물론 관조만이 진리를 터득하는 유일한 방법은 아닐 것이다. 프랑스 조각가 로댕은 모든 사람들이 이미 보아온 것을 자신만의 눈으로 눈여겨보는 사람만이 거장이 될 수 있다고 갈파하였다. 그렇다. 자신에게 주어진 기회를 자신의 것으로 삼고 거기에 매달릴 수 있는 끊임없는 노력과 예리한 관찰력이 있을 때에만 우연히 자신에게 다가온 진실에 대해 눈을 열고 마음을 열어 관조할 수 있다.

　나타는 자신이 그동안 경험했던 X선 구조결정에 관한 능력과 숱한 땀이 있었기에 치글러 촉매의 비밀을 보는 눈이 열려 있었던 것이다. 물론 치글러도 젊은 시절, 자신의 박사학위 논문에서 다루었던 알칼리 알킬 반응 연구에서부터, 금속 촉매에 의한 유기합성에 대한 변함없는 정열과 끊임없는 노력이 있었기에 당시 풀리지 않았던 에틸렌

저온중합
실온보다 낮은 온도에서 이루어지는 중합 반응. 방사선 중합, 입체 특이성 중합 등이 있는데, 특성이 좋은 합성섬유나 합성수지를 만들 때에 쓰인다.

비타민 12
비타민 12, B_{12}는 수용성 비타민의 일종으로 코발라민(cobalamine)이라고도 부르며, 부족할 경우 악성 빈혈을 일으킨다.

가스의 **저온중합**이라는 새로운 사실을 바라보는 눈을 가질 수 있었다. 이런 점 때문에 치글러와 나타는 노벨상을 수상할 수 있었을 것이다.

1964년 호지킨Hodgkin 여사는 자신의 전공과는 전혀 관계가 없던 생물학적 분자들의 비밀을 밝힌 노력 끝에, X선 결정 구조법으로 **비타민 12**의 구조를 밝힌 공로로 노벨상을 수상했다. 그녀는 어릴 적 아버지를 따라 다니면서 아프리카의 고고학적 유물들의 비밀을 밝히는 데 사용되었던 X선 구조결정학의 지식을 바탕으로 당시 아무도 풀 수 없었던 비타민 12와 페니실린 같은 생물학적 분자들의 구조를 연구하는 자신의 눈을 열었던 것이다.

과학적 사실을 풀어보겠다는 집념과, 그 사실에 관련이 있든 없든 사실을 직관적으로 바라볼 수 있는 관조의 능력과 전공을 뛰어넘는 해박한 지식과 경험이 새로운 사실을 발견하고 거장이 될 수 있는 조건이다. 영국의 과학소설가인 애덤스Douglas Adams는 "인간은 남의 경험을 이용하는 특수한 능력을 가진 동물이다"라고 했다. 남의 경험을 이용하되 독점적으로가 아니라 상호보완적으로 이용하고 필요 없을 것으로 여겨지는 하찮은 것까지도 잘만 이용하면 자신의 눈을 여는 데 적지 않은 도움이 될 수 있다.

진리는 하나이지만 거기에 도달하는 방법은 여러 가지가 있을 것이다. 자기 분야에서 최고가 되기 위해서는 자신의 능력이나 직관도 중요하겠지만 그보다는 진정한 학문적 겸손으로 다른 사람들의 관조를 겸허하게 배워야 할 것이다.

  관조를 통해 과학사에 길이 남을 새로운 발견을 해낸 많은 과학자들처럼 한 외국인 학생의 실수에서 재미있는 한글 교수법을 발견한 마징가 제트의 한글 선생님, 그분은 우연히 찾아온 기회를 놓치지 않고 재미있고 유익한 한글 교수법에 대해 계속 연구하여 외국인들에게 아주 쉽게 한글을 가르칠 수 있는 우리나라 최고의 한글 교사가 될 꿈을 가지고 있다. 선생님은 "어떻게 하면 외국인들에게 단순한 암기 대신 연상 작용을 통해 한글을 쉽게 가르칠 수 있을까" 하고 오늘도 열심히 연구하는 중이다. 선생님 만세!

새 옷을 헌 옷처럼
-빈티지 청바지의 비밀은 효소

박태현

📖 일상생활에 이용되는 효소, DNA 복제

우리가 생명을 유지하고 살아가는 동안 우리 몸속에서는 수많은 화학 반응들이 일어나고 있다. 그런데 그 많은 반응들은 저절로 일어나는 것이 아니라, 각 반응마다 특정한 촉매가 그 반응을 촉진한다. 따라서 우리 몸속에는 아니, 모든 생명체 속에는 무수히 많은 촉매가 존재하고 있다. 우리가 가장 쉽게 생각할 수 있는 우리 몸의 촉매는 **소화효소**이다. 소화효소는 우리가 음식물을 섭취하면 그것을 분자 수준으로 잘게 쪼개는 역할을 한다. 음식물 속에 들어 있는 3대 영양성분이 탄수화물, 지방, 단백질이라는 사실을 우리는 잘 알고 있다. 따라서 소화효소는 이들을 분해하는 것이다.

영양분을 분해하는 촉매 – 소화효소

밥을 한 숟가락 떠서 입에 넣는다. 밥의 주성분은 탄수화물이다. 밥을 입에 넣으면 침 속에 들어 있는 **아밀레이스**가 입에서부터 탄수화물의 분해를 시작한다. 탄수화물에도 종류가 많다. 밥의 주성분을 이루는 탄수화물은 **아밀로오스**이고 이것은 아밀레이스라는 **효소**가 분해한다. 우리는 밥을 먹지만 소나 말 같은 초식동물들은 풀을 뜯어먹고 산다. 초식동물이 먹는 탄수화물의 주성분은 **셀룰로오스**이다. 이들 초식동물은 **셀룰레이스**라는 효소를 이용하여 셀룰로오스를 분해하여 살아간다. 우리가 아밀로오스를 분해한 결과물이나 소가 셀룰로오스를 분해한 결과물은 서로 동일한 포도당이다. 이 포도당은 작은창자에서 흡수되어 우리 몸에서 유용하게 사용된다.

> **아밀레이스(amylase)**
> 녹말을 가수분해하는 효소를 통틀어 이르는 말. 고등동물의 침 속이나 미생물, 식물에 들어 있으며, 식료품, 발효 공업, 소화제 등으로 쓴다.
>
> **아밀로오스(amylose)**
> 아밀로펙틴과 함께 녹말의 주성분을 이루며, 수백 개의 포도당이 사슬모양으로 연결된 고분자. 맛과 냄새가 없는 흰색 가루로, 아이오딘을 가하면 푸른빛을 띤 자주색이 된다.
>
> **셀룰로오스(cellulose)**
> 포도당으로 된 단순 다당류. 고등식물이나 조류의 세포막의 주요 성분이다. 물에는 녹지 않으나 산에 의하여 가수분해된다. 목재, 목화, 마류(麻類)에서 채취하며 필름, 종이, 인조견, 폭약이 되는 니트로셀룰로오스 원료로 쓰인다.

소화효소를 예로 들었지만 이 외에도 수많은 효소들이 우리 몸속에 존재하고 있다. 사람뿐만 아니라 모든 생명체들이 다양한 효소를 만들어낸다. 미생물도 예외는 아니다. 따라서 미생물을 대량 배양함으로써 유용한 효소들을 생산할 수 있다. 앞에서 이야기한 아밀레이스도 미생물에 의하여 생산할 수 있고, 이렇게 생산된 아밀레이스는 칼로리가 낮은 '라이트' 맥주를 만들 때도 유용하게 사용된다. 맥주는 **효모**yeast라는 미생물이 보리를 발효시켜 만든다. 효모는 인류의 오랜 역사와 함께해 온 우리에게는 매우 친숙한 미생물이다. 또한 효모는 맥주, 포도주를 비롯한 다양한 종류의 술을 만드는 데 사용되고 있으며, 고대 이집트 시대부터 빵을 만들 때도 사용되었다. 최근 들어서는 바이오 연료인 **바이오 에탄올**을 만들 때 이용되고 있다.

보리를 원료로 맥주를 만들 때, 효모는 보리에 들어 있는 탄수화물을 이용하여 에너지를 생산하는데 그 과정에서 알코올이 생산되고 결과물이 맥주이다. 그런데 맥주를 만드는 동안에 아직 분해되지 않은 탄수화물이 일부 남아 있다. 이 상태의 맥주를 마시면 탄수화물도 같이 마시는 셈이 되므로 이것이 칼로리를 높이는 역할을 한다. 칼로리가 낮은 맥주를 만들기 위해서는, 남아 있는 탄수화물을 모두 분해하여 이를 효모가 알코올을 만드는 데 사용하게 하면 된다. 이때 아밀레이스를 첨가해 맥주 속에 남아 있는 탄수화물을 분해함으로써 칼로리가 낮은 맥주를 만들게 되는 것이다.

살코기를 한 점 먹으면 단백질 분해효소가 작용하여 고기를 분해하고, 기름진 음식을 먹으면 지방 분해효소가 작용하여 지방을 분해한다. 그런데 이런 단백질 분해효소와 지방 분해효소를 미생물에서 생산하여 빨래에도 유용하게 사용하고 있다.

우리가 빨래를 할 때 세제를 사용한다. 물과 기름은 섞이지 않으므로 기름때가 묻은 빨래는 물만으로 기름때를 제거할 수가 없다. 그런데 세제는 그 분자 내에 물을 좋아하는 부분과 기름을 좋아하는 부분을 둘 다 가지고 있기 때문에 한쪽 팔은 기름때와 결합을 하고 다른 팔은 물과 결합을 하여, 기름때가 물에 씻겨나가도록 해준다. 세제에 지방 분해효소를 첨가하면 빨래에 묻은 커다란 지방 분자를 잘게 쪼개주므로 더욱 효과적으로 기름때를 제거할 수 있다. 빨래에는 지방 성분뿐만 아니라 단백질 성분도 묻어 있다. 따라서 세제에 단백질 분해효소도 첨가함으로써 단백질 성분도 분해하여 더욱 깨끗하게 세탁할 수 있다.

하얀 속옷과 색깔 있는 옷을 함께 넣고 세탁기를 돌리면, 하얀 옷이 다른 색깔로 물드는 경우가 종종 발생한다. 이와 같은 현상을 방지할 때도 효소가 사용된다. 하얀 옷이 다른 색깔로 물드는 것은 우리가 쉽게 짐작할 수 있듯이 색깔 있는 옷에서 염료가 떨어져 나와 이것이 흰색 옷으로 옮겨 붙기 때문이다. 버섯에서 추출한 퍼옥시데이스라는 이름의 효소는 옷감에서 떨어져 나온 염료에만 작용하여 그것을 산화시킴으로써 탈색하는 작용을 한다. 따라서 세탁할 때 이 효소를 사용하면 흰색 옷이 다른 색으로 물드는 것을 방지할 수 있다.

과거에는 청바지를 새로 사면 흠 하나 없는 새 청바지였는데, 요즘 파는 새 청바지는 마치 10년은 입은 것처럼 너덜너덜한 모습을 하고 있다. 이것이 요즘 젊은이들이 즐겨 입는 빈티지 청바지이다. 심지어는 일부러 여기저기 구멍까지 뚫어놓은 것들도 있다. 구멍 뚫린 청바지를 입고 다니는 손녀를 가엾게 여긴 할머니가 밤새 청바지에 난 구멍을 모두 실로 꿰매었다는 웃지 못 할 이야기도 있다. 이처럼 청바지를 낡게 만드는 데도 효소가 이용된다. 청바지는 면섬유로 만들고, 면소재의 성분은 셀룰로오스이다. 셀룰로오스는 셀룰레이스라는 면섬유 분해효소에 의하여 분해된다. 한 군데도 흠집이 없는 그야말로 새 청바지는 이 면섬유

바이오 워싱 청바지

분해효소에 의해 마치 오랜 기간 입어서 닳아진 자연스러운 낡은 청바지로 변한다. 이처럼 효소를 이용하여 청바지를 낡게 만드는 가공방법을 바이오 워싱이라고 부른다. 이때 돌가루를 함께 섞어서 가공하기도 하는데, 이를 바이오 스톤 워싱이라고 하며, 이렇게 가공한 후에 표백제까지 사용하는 방법을 바이오 스톤 블리치 워싱이라고 한다.

다시 소화효소 이야기로 돌아가 보자. 사람에 따라서는 우유를 마시면 제대로 소화시키지 못하고 설사를 하는 사람들이 있다. 설사가 일어나는 이유는 삼투압과 관련이 있다고 이 책의 다른 장에서 이야기했지만 이것도 효소가 제대로 작용하지 못해서 일어나는 현상이다. 우유를 소화시키지 못하는 사람들을 위하여 미리 효소를 이용하여 가공한 우유가 만들어졌다. 그런 우유에는 젖당을 분해하는 효소인 락테이스가 첨가되어 있다.

요즘은 음식점에서 별미로 특별히 먹을 때를 제외하고는 보리밥을 먹을 기회가 거의 없다. 하지만, 지금으로부터 40~50년 전, 우리나라가 가난했을 적에는 쌀밥은 귀한 음식이고 보리밥으로 끼니를 때우기 십상이었다. 그때에는 쌀이 모자라 밀가루 음식을 먹자는 분식장려운동, 쌀밥에 보리밥을 섞어 먹자는 혼식장려운동을 벌이기도 했다. 그런데 보리밥만 먹으면 유난히 방귀가 많이 나오는 것을 누구나 경험하곤 했을 것이다. 그래서 초등학생들 사이에는 우스개 노래가 불리기도 했다.

"엄마, 엄마, 보리밥 싸줘, 학교 가서 방귀 뀌게 보리밥 싸줘…"라는 가사였던 것으로 기억한다. 방귀가 나오는 현상에 대해서는 앞에서 언급한 바가 있지만, 이것도 결국은 소화효소가 제대로 작용하지 못해 발생하는 현상이다.

요즘은 보리밥 먹을 기회는 줄어들었지만, 멕시코 음식을 먹을 기회는 늘어났다. 멕시코 음식을 먹어도 방귀가 잘 발생하는데 이것은 멕시코 음식에 주로 들어 있는 콩 때문이다. 콩에 들어 있는 탄수화물은 단당류의 한 종류인 **갈락토오스**를 주성분으로 하여 길게 연결된 구조인데, 우리 몸에는 이런 탄수화물을 분해하는 효소가 결핍되어 있다. 따라서 이 탄수화물이 작은창자에서 잘 분해되지 못한 채로 큰창자로 내려가게 되고, 이것은 큰창자에 서식하고 있는 대장균에게는 반가운 음식물이 된다. 대장균이 이 탄수화물을 섭취하는 과정에서 가스가 발생하고, 이 가스가 방귀로 나온다. 따라서 분위기 있는 멕시코 음식점에서 데이트를 즐기려는 사람은 예기치 못한 방귀에 주의해야 한다. 멕시코 음식을 좋아하는 연인들을 위하여 피차 민망하지 않도록 **알파-갈락토시데이스라**는 효소가 생산되어 판매되고 있다.

효소의 다양한 역할

이 밖에도 우리의 일상생활 속에서 다양한 용도로 효소가 사용되고 있다. 과일의 껍질을 뚫고 안으로 들어가는 미생물에서 분리해낸 효소는 과일 껍질을 쉽게 벗겨지게 해 과일 통조림을 만들 때 유용하게 이용된다. 겉은 딱딱하고 속은 부드러운 초콜릿을 만들기 위해서는 설탕을 분해하는 효소를 초콜릿 안에 주입하는 방법이 이용되기도 한다. 우리가 마시는 주스가 보다 맑은 빛을 띠게 만드는 데도 효소가 사용되고, 고기의 육질을 부드럽게 만드는 데도 사용된다. 또한 음식물 속의 항산화제로도 사용되며, 치즈 제조, 과당의 농도가 높은 시럽의 제조 등에도 모두 효소가 사용된다. 당뇨 환자의 혈당을 측정할 때도 포도당 산화효소가 사용된다. 우리 생활에 다양한 용도로 유용하게 사용될 수 있는 자연계에 존재하는 무궁무진한 효소가 바로 생체 내의 촉매인 것이다.

〈CSI〉 현장에서 찾아낸 DNA를 증폭할 때도 효소가 사용된다. DNA 수사를 위해서는 DNA 지문법이 효과적으로 이용되는데, 범죄현장에서 발견되는 DNA의 양은 대부분의 경우에 매우 적은 양이다. 그런데 DNA 지문법을 적용하기 위해서는 상당량의 DNA를 필요로 하므로, 현장에서 채취된 소량의 DNA는 많은 양으로 증폭해야 한다. 소량의 DNA를 복제하여 그 양을 증폭시키는 방법을 **PCR**(Polymerase Chain Reaction, 중합효소 연쇄 반응)이라고 한다. 이 반응에 촉매로 사용되는 효소의 이름은 **DNA 중합효소**이다.

이 방법은 멀리스Kary Mullis라는 미국의 과학자가 저녁에 자동차를 운전하고 가면서 생각해낸 방법이다. 운전 중에 떠올린 아이디어로 멀리스는 노벨상을 받았고, 이 방법은 전세계적으로 널리 사용되고 있다. 이 방법은 운전 중에 생각해낼 수 있을 정도로 간단하다. 온도를 3단계로 변화시킴으로써 DNA 1가닥을 2가닥으로 불릴 수 있다. 3단계의 온도라 함은 94°C, 54°C, 72°C의 온도로 구성된다.

오른쪽 그림의 첫 번째 단계에서는 두 가닥이 이중나선 형태로 서로 꼬여 있는 DNA를 94°C의 높은 온도로 1분간 올려줌으로써 꼬인 두 가닥을 서로 풀어내서 분리하는 과정이 진행된다. 두 번째 단계에서는 온도를 45초 동안 54°C로 내림으로써 분리된 2개의 각 가닥의 끝에 '프라이머'라고 불리는 작은 조각의 DNA를 붙이는 과정이 진행된다. 이 과정에서는 긴 DNA 가닥 끝에 잘 붙게 디자인된 프라이머 DNA 조각이 첨가되고, 이 온도에서 프라이머 조각들은 긴 오리지널 DNA 가닥의 한쪽 끝에 붙게 된다. "소도 비빌 언덕이 있어야 한다"는 속담이 있는데, 이 프라이머 DNA는 다음 단계에서 역할을 할 DNA 중합효소에게 비빌 언덕을 제공하는 셈이다. 세 번째 단계에서는 온도를 72°C

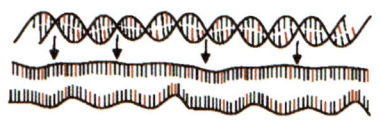

1단계(94°C, 1분)
서로 꼬여 있는 DNA가 두 가닥으로 풀리는 단계

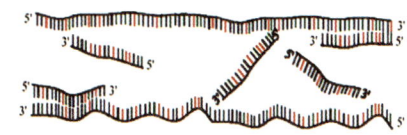

2단계(54°C, 45초)
원본 DNA 끝에 짧은 프라이머 DNA를 붙이는 단계

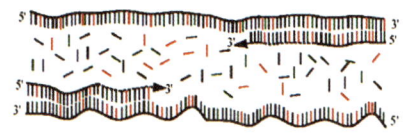

3단계(72°C, 2분)
DNA 중합효소가 촉매 역할을 하여 작은 조각의 염기들을 붙여나가는 단계

PCR(중합효소 연쇄 반응)

로 2분간 높여주는데, 이 단계에서는 중합효소가 4가지의 염기인 A, T, G, C를 긴 오리지널 DNA 가닥에 붙여나가는 과정이 진행된다. 그림에서 보여주는 작은 단편들이 4종류의 염기들이다. 이 과정에서 일어나는 반응을 중합 반응이라고 하는데, 이 온도는 반응이 잘 진행되게 하는 최적의 온도이다. 중합효소는 이 반응을 촉진하는 촉매 역할을 한다. 이같은 세 번의 단계를 거침으로써 DNA는 두 배로 복제된다. 따라서 온

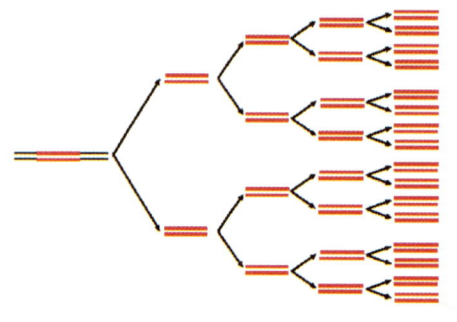

매 주기마다 2배로 증폭되는 DNA

도를 3단계로 변화시키는 과정은 한 주기를 이루게 되고, 이 주기가 반복될 때마다 DNA의 양은 두 배로 불어난다(매 주기마다 두 배로 증폭되는 DNA). 이 주기를 20~30회 수행하면 DNA의 양은 수백만 배에서 수십억 배로 증가하게 된다.

따라서 이 방법을 사용하여 범행현장에서 찾아낸 범인의 머리카락 한 올, 희미한 혈흔, 핸드폰에 묻은 침 한 방울에서 얻은 극미량의 DNA를 DNA 지문법을 이용하기에 충분한 양의 DNA로 증폭한다. 머리카락에서 DNA를 얻는다는 이야기를 종종 듣게 되는데, 이는 엄밀히 이야기하면 옳지 않은 이야기이다. 머리카락은 세포가 아니라 단백질이므로 DNA를 가지고 있지 않다. 실제로 DNA는 머리카락 끝에 붙어 있는 모근세포에 들어 있고, 이 모근세포로부터 DNA가 추출되는 것이다. 또한, 침 속에 DNA가 들어 있다는 말은 무슨 말일까? 이것은 입 안의 볼에 있는 세포가 떨어져 나와 침 속에 섞여 있기 때문이다. 엄밀히 말하자면 침 속에 들어 있는 세포에서 DNA를 추출하는 것이다.

DNA를 증폭하는 중합효소 연쇄 반응 기술과 함께 개개인의 DNA 정보 차이를 구분하는 DNA 지문법은 범죄수사에 이용될 뿐 아니라, 친자확인, 사망자의 신원확인 및 전쟁에서 전사한 군인들의 신원확인에도 널리 이용된다.

제7장

널리 인간을 이롭게 하는
화학

새로운 프로메테우스를 기다리며

문상흡

📖 물의 광분해, 에너지와 환경

그리스 신화에는 많은 신들이 등장하지만 그중에서 인간이 가장 고마워해야 할 신을 꼽는다면 '프로메테우스'라고 할 것이다. 그는 진흙을 빚어 신들과 비슷한 형상을 만들고 이를 이레 동안 볕에다 말린 후 생명을 불어넣어 인간을 만들었다. 그리고 신들의 세계에서 불을 훔쳐 인간에게 주었다. 이에 노한 제우스는 프로메테우스에게 카프카스 산에 묶인 채 독수리에게 간을 파먹히는 끔찍한 형벌을 내린다.

프로메테우스가 독수리에게 간을 파먹히는 장면이 그려진 도자기(왼쪽)와 프로메테우스가 불을 훔치는 그림(오른쪽).

> **카프카스**
> 흑해와 카스피 해 사이에 있는 지역. 북쪽은 러시아 연방, 남쪽은 터키와 이란 국경과 접한 지역으로, 많은 강과 호수가 있어 수력 자원이 풍부하고 광물 자원도 많다. 유전 지대로 알려져 있다. 영어 이름은 '코카시아 Caucasia'이다.

그러나 인류는 프로메테우스가 전해준 불 덕분에 오늘날 지구상에서 가장 발달한 문명을 이룩하고 모든 생물의 위에 군림하게 되었다.

인류의 문명이 발전하는데 '불의 사용'이 결정적인 역할을 했다는 사실은 여러 가지 자료로 입증이 된다. 인류는 약 400만 년 전에 걷기 시작하면서 지구의 곳곳으로 퍼졌지만 오늘날의 고도 문명을 이룬 것은 불과 최근 2~3백 년 사이의 일이다. 이는 인류가 불을 중심으로 한 에너지를 본격적으로 사용하기 시작한 시기와 거의 일치한다. 즉, 원시인의 경우에는 생존에 필요한 최소한의 에너지인 2,000kcal 정도를 사용했지만, 그 후 수렵생활, 농경생활을 거치면서 소비량도 크게 증가하였다. 현대인은 에너지를 다양한 목적으로 사용하기 때문에 매일 약 23만 kcal를 소비하는데, 이는 원시인의 소비량보다 100배 이상 많은 양이다. 따라서 인류가 최근에 이룩한 고도의 산업 문명은 이처럼 많은 양의 에너지 소비와 더불어 가능했다는 주장이 설득력이 있다.

이상적인 '에너지'를 찾아서

인류는 과연 앞으로도 이 정도의 에너지 소비를 유지하면서 지속적으로 문명을 발전시켜나갈 수 있을까? 불행하게도 이 질문에 대한 답은 매우 부정적이다. 현재 인류가 사용하는 에너지 자원의 사용 연한은 석유가 43년, 가스가 58년, 우라늄이 60년, 석탄이 230년인 것으로 추정된다. 그것도 지역별로 편재되어 있어 항상 수급 불균형의 문제가 있고 에너지 사용으로 인한 환경오염도 심각하다. 위의 계산대로라면 인류는 머지않아 에너지가 고갈되거나 아니면 심각한 환경오염으로 인하여 더 이상 고도의 문명을 유지할 수 없을 것이다. 이는 우리의 후손들에게 심각한 문제가 아닐 수 없다.

그러나 달리 생각하면 인류가 지구라는 불덩어리의 표면에서 매일 쏟아지는 막대한 양의 햇빛을 받고 살면서 에너지 부족으로 인하여 성장의 한계에 직면한다는 시나리오는 선뜻 납득하기가 힘들다. 바위가 녹은 뜨거운 용암이 지금도 지구 곳곳에서 화산 폭발과 함께 분출이 되고, 사막의 하늘에는 이글거리는 태양이 모든 것을 태워버릴 것처럼 강하게 비추고 있는데 에너지의 고갈을 걱정해야 하다니……. 특히 태양 에너지는 하루에 지구상에 쏟아지는 양만으로 인류가 일 년간 사용하는 에너지를 모두 충당하고도 남으며 사용에 따른 부산물도 전혀 없기 때문에 가장 이상적인 에너지라고 하겠다. 그런데 왜 인류는 이 태양 에너지를 활용하지 못하는 것일까? 이 문제를 이해하기 위하여 우리는 에너지 자원의 특성을 자세히 살펴볼 필요가 있다.

태양 에너지를 모으는 집광판

우리가 에너지 자원을 효과적으로 이용하려면 아래의 세 가지 조건이 필요하다. 첫째로 에너지의 밀도가 충분히 높아야 하고, 둘째 저장 및 수송할 수 있어야 하며, 셋째로 손쉽고 안전하게 사용할 수 있어야 한다. 석탄, 석유, 가스와 같은 화석연료는 단위 무게당 에너지의 밀도가 높고, 각각 고체, 액체, 기체의 형태로 저장 및 수송이 가능하며, 필요에 따라 언제든지 연소시켜 열량을 얻을 수 있어서 위의 세 가지 조건을 모두 충족한다. 간혹 가스나 액체연료가 새어나와, 폭발사고가 나지만 이는 현재 인류가 확보한 기술로 충분히 예방할 수 있다. 과학 기술의 시각으로 볼 때 프로메테우스가 인간에게 불을 주었다는 것은 단순히 불이라는 에너지 자원을 주었다기보다는 '불을 다루는 법'을 가르쳐주었다고 해석해야 옳을 것이다. 인간이 아닌 다른 동물들도 불의 존재를 알지만 그들은 불을 다루는 방법을 모르기 때문에 이를 토대로 문명을 이룩할 수 없었고 반면에 인간만이 불을 다루어 문명을 이루었다.

태양 에너지에 대하여 위의 세 가지 조건을 따져보자. 지구상에 쏟아지는 태양 에너지는 엄청난 양이지만 이를 단위 면적당 에너지 밀도로 보면 비교적 낮기 때문에 많은 양의 에너지를 얻으려면 넓은 면적의 집광판(빛을 모으는 패널)이 필요하다. 이렇게 모은 태양 에너지는 그대로 저장할 수 없기 때문에, 그 열량으로 물을 데우거나 또는 빛으로 전기나 수소를 생산한 후 이들을 저장 또는 수송해야 한다. 더구나 지구에 쏟아지는 햇볕의 강도는 계절과 기후에 따라 크게 변하므로 태양 에너지는 우리가 어디서나 항상 손쉽게 얻을 수 있는 것이 아니다. 이처럼 햇볕은 매력적인 청정 에너지임에 틀림이 없지만 위의 세 가지 조건을 충족하려면 아직도 넘어야 할 산이 많다.

프로메테우스는 인간에게 화석연료에서 얻는 불을 다루는 법을 가르쳐 주었지만, '태양 에너지를 다루는 법'은 가르쳐주지 않았다. 그래서 태양 에너지는 아직도 태양의 신인 아폴로의 손아귀에 있으며, 우리는 지금 이를 다루는 방법을 아폴로 신에게서 훔쳐 인간에게 가르쳐줄 '새로운 프로메테우스'를 기다리고 있다. 앞으로 어느 과학자가 태양 에너지를 효과적으로 다루는 기술을 발명한다면 그는 인류를 구원하는 새로운 프로메테우스의 충실한 사신이 되는 셈이다.

인간의 미래, 물의 광분해

과학자들은 이 순간에도 태양 에너지를 다루는 기술을 개발하기 위하여 연구에 몰두하고 있다. 그중에서 가장 획기적인 성과를 낳을 수 있는 연구가 **물의 광분해**이다. 이 연구는 햇빛을 이용하여 물을 수소와 산소로

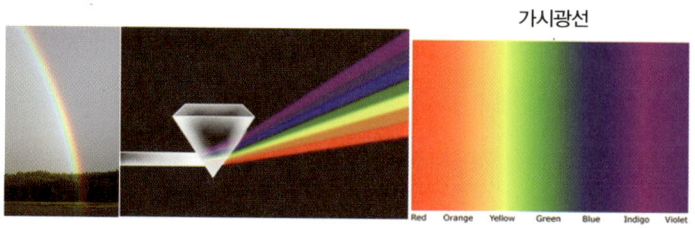

자외선 · 적외선 · 가시광선의 햇빛 스펙트럼

분해하는 것인데, 만일 성공을 하면 우리는 귀중한 수소를 지속적으로 생산할 수 있다. 이 수소는 압축하여 고압 용기에 저장 및 수송을 할 수 있고, 이를 다시 산소와 반응시키면 물이 생기면서 많은 열량을 얻을 수 있다. 결국 이 일련의 공정을 되풀이하게 되면 전체적으로 아무런 부산물이 생기지 않으면서 태양 에너지를 열량으로 바꾸게 된다. 인류가 현재 당면한 에너지와 환경 문제를 동시에 해결하는 꿈의 기술이 개발되는 것이다. 그렇다면 과연 햇빛을 이용하여 물을 수소와 산소로 분해할 수 있을까?

지금부터 40년 전인 1972년에 일본의 후쿠시마와 혼다는 작은 산화타이타늄(TiO_2) 입자를 넣은 물에 자외선을 비춤으로써 상온에서 물을 수소와 산소로 분해하는 데 성공하였다. 여기서 산화타이타늄은 물의 광분해 반응을 촉진하는 촉매 작용을 한다. 이 결과가 발표되자 많은 학자들이 광분해 연구에 뛰어들었다. 후쿠시마와 혼다의 연구는 자외선을 사용했지만 햇빛 중에는 **자외선**이 5% 이하일 뿐이고 **가시광선**이 40~50%나 되기 때문에, 그들의 연구가 실용성이 있으려면 가시광선을 사용하여 물을 분해할 수 있어야 한다. 특히 촉매의 성능에 따라 광분해 속도가 크게 달라지므로 경제성이 높은 공정을 얻으려면 우수한 촉매를 개발하는 것이 필수적이다.

지금까지 학자들은 가시광선을 이용한 물의 광분해를 위하여 산화타이타늄 외에도 다양한 금속의 복합 산화물과 황화물을 촉매로 사용하였고, 이들을 벌집처럼 미세한 기공 구조로 만들었을 때 촉매의 활성이 증가하는 사실을 알게 되었다. 그러나 아직도 우리가 현재 사용하는 화석연료를 대체할 만큼 경제성이 좋은 물의 광분해 기술은 개발되지 않았다.

> **복합 산화물**
> 산화물이란 산소와 다른 원소와의 화합물을 통틀어 이르는 말로, 분자 속에 있는 산소의 수에 따라 일산화물·이산화물·삼산화물로 나뉘고, 그 성질에 따라 산성·중성·염기성으로 나뉜다. 일반적으로 금속 산화물은 염기성 산화물이고, 비금속 산화물은 산성 산화물이다. 복합 산화물이란 두 가지 이상의 금속 산화물이 화학적으로 결합된 물질을 말하는데, 특히 산화 반응과 광촉매 반응에 촉매로 많이 쓰인다.

그렇지만 물의 광분해 연구가 터무니없이 힘들기 때문에 이 정도에서 포기해버릴 일은 아니라고 생각한다. 왜냐하면 식물의 엽록소는 이미 광분해에 의하여 물에서 수소 이온을 얻고 이를 다시 이산화탄소와 반응하여 탄수화물을 만들고 있기 때문이다. 우리는 이를 탄소동화작용이라고 부른다. 따라서 우리가 이와 같은 자연 현상을 완전히 이해하고 이용할 수 있다면, 그 지식을 토대로 태양 에너지와 물로부터 수소를 효과적으로 생산할 수 있을 것이다. 과연 인간의 과학적 지식은 어디까지 발전할 수 있을까? 그리고 인류에게 태양 에너지를 다루는 법을 전해줄 새로운 프로메테우스는 언제쯤 우리들을 에너지 고갈과 환경오염의 위기에서 구해줄 것인가?

JUMP IN LIFE

바이오 에너지
– 옥수수로 가는 자동차

성종환

📖 바이오 에너지의 개념, 신재생 에너지, 바이오 에탄올

인간이 활동을 하기 위해서는 에너지가 필요하고 그 에너지는 주로 음식을 통해 얻는다. 자동차, 비행기와 같은 기계를 움직이거나, 추운 겨울에 난방을 하거나 더운 여름에 에어컨으로 공기를 시원하게 하는 일에도 역시 에너지가 필요하다. 우리는 이러한 에너지의 대부분을 석유와 같은 연료를 통해서 얻고 있다. 석유나 석탄은 식물의 화석에서 유래했기 때문에 화석연료라고 한다.

화석연료는 현재 우리가 누리는 문명과 기술을 가능하게 해준 일등공신이지만 환경오염 같은 재앙을 불러오기도 했다. 또 한편으로 화석연료는 한정된 매장량으로 인해 인류는 자원고갈이라는 문제에도 직면해 있다.

화석연료로 인해 벌어지는 이러한 문제들을 해결하기 위한 노력으로 근래에 신재생 에너지가 관심을 받고 있다. 신재생 에너지란 태양광, 풍력, 수력, 생물자원(바이오) 등 자연 상태에 존재하는 에너지를 이용하는 것으로 석유, 석탄과 같은 화석연료와 달리 오염을 적게 유발하고 고갈 염려가 없어 크게 주목받는 에너지 자원이다. 여러 종류의 신재생 에너지 가운데 생물체가 지닌 에너지 또는 생물체의 활동을 이용하여 생산하는 에너지를 **바이오 에너지**라고 한다.

에너지의 정의와 종류

에너지를 폭넓게 정의하자면 '물리적인 일을 할 수 있게 하는 능력' 또는 '물리적, 화학적으로 물질을 변환시킬 수 있는 능력'이라고 정의할 수 있다. 쉽게 얘기해서 자동차나 비행기처럼 무거운 물건을 옮긴다든지, 난로처럼 화학 물질 또는 전기를 이용해서 열을 발생시키는 현상은 모두 에너지가 있기에 가능한 일이다.

에너지가 우리의 생활에 얼마나 중요한 역할을 하는지는 일인당 소비하는 에너지의 양을 비교해보면 쉽게 이해할 수 있다. 아주 옛날, 원시 인류는 하루에 1인당 2,000kcal 정도의 에너지를 사용했다. 시간이 흘러 사냥을 하고 불을 피워 음식을 구워먹던 시대에는 일일 사용 에너지량이 약 5,000kcal 정도로 늘어났다. 문명이 발달하고 농경 생활이 가능하게 되면서 활동량이 늘어나자 약 12,000kcal의 에너지를 사용하게 되었다. 과거와는 비교할 수 없을 만큼 문명이 발달된 현대 사회에서 인류는 하루에 약 230,000kcal의 에너지를 사용한다고 한다. 현대의 편리한 문명이 엄청나게 사용되는 에너지에 그 기반을 두고 있다는 것을 이해할 수 있다.

에너지는 아주 다양한 형태로 존재한다. 석유와 석탄과 같은 연료의 형태인 화학 에너지, 태양빛과 같은 빛에너지, 우리가 직접 사

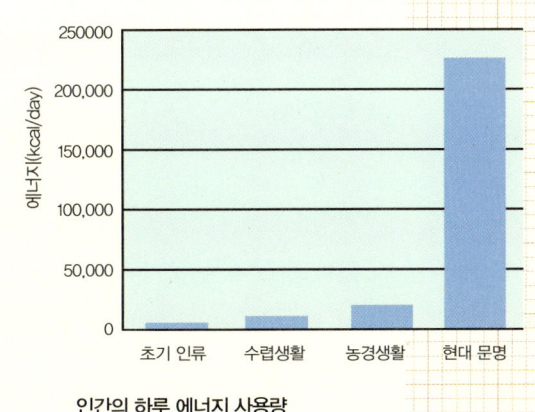

인간의 하루 에너지 사용량

> **위치에너지**
> 물체가 특정 위치에서 표준 위치로 돌아갈 때까지 일을 할 수 있는 잠재적 에너지. 크기는 물체의 위치에 따라 정해진다.

용하는 전기 에너지, 높은 곳에 위치한 물체가 가지는 위치에너지 등이 그 예인데, 이렇게 다양한 형태로 존재하는 에너지는 서로 간에 변환이 될 수 있다. 예를 들면 석탄을 태워서 난방을 한다면 화학 에너지가 열에너지로 변환하게 된다. 석유를 사용하여 자동차를 움직인다면 화학 에너지가 운동 에너지로 변환되는 것이다. 다양한 에너지의 종류만큼이나 변환의 경우의 수는 많다.

종류	화학 에너지로	전기 에너지로	열에너지로	빛에너지로	운동 에너지로
화학 에너지에서	음식	전지의 사용	불	촛불	자동차, 비행기, 근육
전기 에너지에서	전기분해	트랜지스터	전기난로	형광등, LED	전기모터
열 에너지에서	증발	온도측정계	열교환기	불	증기기관
빛 에너지에서	광합성, 필름카메라	태양 전지	태양광 전열기	레이저	자동문
운동 에너지에서	풍력발전을 통한 전지의 충전	발전기	자동차 브레이크	부싯돌	진자, 수차, 물레바퀴

에너지의 변환

열역학 법칙

앞에서 살펴본 것처럼 다양한 종류의 에너지가 있지만, 에너지의 성질과 상태를 결정하는 법칙은 같다. 에너지의 성질에 대한 법칙을 열역학 법칙이라고 한다. 열역학 법칙에는 여러 가지가 있지만, 제일 중요한 것이 제1법칙과 제2법칙이다. 열역학 제1법칙은 에너지 보존법칙이라고도 하는데, 에너지는 새롭게 생성되거나 없어지지 않으며, 그 형태를 바꿀 뿐이라는 뜻이다. 따라서 우주에 존재하는 전체 에너지의 양은 변하지 않는다. 전체 에너지의 양이 변하지 않는데 우리가 에너지의 고갈을 걱정하는 것은, 인간이 사용할 수 있는 형태의 에너지가 줄어들고 사용할 수 없는 형태의 에너지가 늘어나기 때문이다. 열역학 제2법칙은 엔트로피 법칙이라고도 한다.

엔트로피란 쉽게 말해서 어떤 시스템의 무질서도를 나타낸다고 할 수 있다. 조금 더 자세히 표현하면 일로 변환할 수 없는, 또는 유용하지 않은 에너지의 양을 나타낸다고 할 수 있다. 예를 들면 단단하게 언 얼음은 고체이기 때문에 분자 구조가 고정되어 있고, 엔트로피가 작지만, 얼음이 녹으면 액체가 되면서 분자 구조가 느슨해지면서 엔트로피가 증가한다.

엔트로피 법칙은, 에너지의 흐름이 항상 한 방향으로만 이루어지고, 엔트로피는 항상 증가한다는 것이다. 즉 에너지는 항상 이용 가능한 형태에서 이용 불가능한 형태, 즉 질서 있는 형태에서 무질서한 형태로 이동한다는 것이다. 엔트로피는 어떤 물질의 무질서도를 나타내는 숫자이다. 우리가 흔히 접하는 물을 예로 들어 설명하면, 물은 고체, 액체, 기체의 상태로 존재한다. 온도가 낮을 때는 고체인 얼음으로 존재하다가 온도가 올라가면 얼음이 녹아서 액체가 되고, 온도를 더욱 높이면 물이 끓다가 증발해서 수증기가 된다. 얼음, 물, 수증기는 다 같은 물 분자(H_2O)로 이루어진 물질이지만 물 분자들이 연결되어 있는 방식이 조금씩 다르다. 고체인 얼음이 물 분자들끼리 단단하게 연결되어 있어 움직이기 어렵다면, 수증기의 물 분자들은 상대적으로 느슨하게 연결되어 자유롭게 움직일 수 있다. 무질서도의 개념으로 보았을 때 고체 얼음보다는 기체 수증기가 무질서도가 훨씬 크다.

화석연료의 고갈과 탄소 발자국

석탄, 석유와 같은 화석연료는 현대 인류 문명이 발전하는 데 큰 공헌을 했지만, 현대 사회에 이르러서는 두 가지 큰 문제에 직면해 있다. 첫 번째 문제는, 매장량이 정해진 자원인 만큼 양에 한계가 있고, 현대 문명이 발달하면서 늘어난 에너지 사용량을 감당하지 못하는 상황에 이르렀다. 현재 우리가 사용하는 에너지의 대부분을 공급하는 것은 석유, 석탄, 천연가스와 같은 화석연료이다. 산업이 발전하고 인구가 늘어나면 에너지의 수요가 늘어나기 때문에 화석연료의 고갈 속도는 더 빨라지고 있고, 수요에 비해 공급이 부족해져서 화석연료의 가격이 빠른 속도로 오르고 있다.

두 번째 문제는, 이산화탄소의 발생으로 인한 환경 문제이다. 화

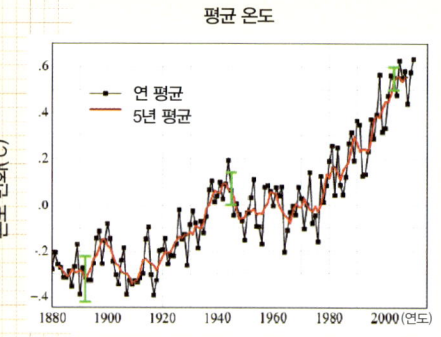
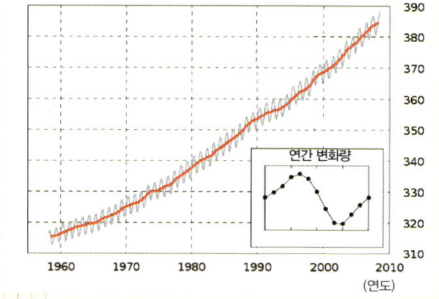

지구 온도 변화와 이산화탄소 농도 변화량

석연료를 통해 에너지를 얻는 과정에서 필연적으로 산화 과정과 함께 이산화탄소를 비롯한 여러 가지 가스가 발생한다. 이러한 기체들은 태양에서 오는 에너지를 지구 대기 안에 가두는 역할을 해 지구 온난화를 유발하기 때문에 **온실가스**라고 한다. 지구에 도달하는 태양 에너지는 지구 표면에서 적외선의 형태로 다시 반사가 되

지구 온난화에 따라 사라지는 북극 빙하

는데, 온실가스의 농도가 높을 경우 이러한 적외선 에너지가 지구를 빠져나가지 못하고 다시 흡수되어서 지구의 온도가 올라가게 된다.

온도가 상승하면서 해수면 상승, 이상기온, 이상기후, 동식물 멸종 등 다양한 환경 문제가 발생하고 있다. 따라서 이산화탄소의 배출량을 조절하기 위한 다양한 노력이 시도되고 있는데, 이를 위한 노력의 하나로 **탄소 발자국** carbon footprint 을 들 수 있다. 탄소 발자국이란 여러 가지 활동을 통해 특정 나라나 회사에서 발생시키는 이산화탄소의 양을 말하며, 탄소 발자국의 양을 추적함으로써 어느 나라 또는 회사가 이산화탄소를 많이 발생시키고, 지구 온난화의 원인이 되는지를 알게 한다.

재생 에너지

재생 에너지란 말 그대로 한번 사용을 하고 다시 사용할 수 있는 에너지를 말한다. 우리에게 익숙한 재생 에너지로는 태양 에너지나 풍력, 수력 에너지 등이 있다. 여기서는 최근 들어 관심을 받는 바이오

> **녹조류**
> 연못이나 바다 같은 물에서 번식하는 생물체로 엽록소를 가지고 광합성을 하는 식물.

에너지에 대해 알아보자. 바이오 에너지란 식물이나 **녹조류** 등의 생물체에서 얻는 에너지를 말하는데, 중요한 특징 중 한 가지는 바이오 에너지를 사용할 때 생기는 탄소 발자국의 값이 화석연료에 비해서 적다는 점이다. 그 이유는 바이오 에너지를 연소시킬 때 나오는 이산화탄소에 포함된 탄소는 식물이 광합성을 할 때 대기 중에 있는 이산화탄소를 흡수해서 생긴 것이기 때문에, 추가로 이산화탄소를 발생시키지 않는다.

바이오 에탄올

가장 먼저 개발되고 현재 널리 사용되는 바이오 에너지는 **바이오 에탄올**이다. 에탄올은 알코올의 일종으로 연소와 함께 에너지를 내기 때문에 석유와 같은 액체연료로 사용이 가능하다. 바이오 에탄올을 만드는 대표적인 방법은 미생물의 발효 과정을 이용하는 것이다. 맥주나 포도주를 만들 때에도 미생물의 발효를 이용하는데, 보리(맥주)나 포도(포도주) 같은 곡물이나 과일을 재료로 미생물이 발효를 하면 그 과정에서 부산물로 에탄올이 생긴다. 바이오 에탄올을 생산할 때는 설탕이나 사탕수수, 사탕무, 옥수수 등을 재료로 발효를 한다.

원래 사탕수수 농장이 많은 브라질 같은 나라에서는 설탕을 이용한 바이오 에탄올의 생산이 활성화되어 있고, 미국에서는 옥수수를 이용하여 바이오 에탄올을 생산한다. 미국에서는 주유소에서 파는 휘발유에 10% 정도의 에탄올이 포함되어 있다. 옥수수에서 나온 에탄올로

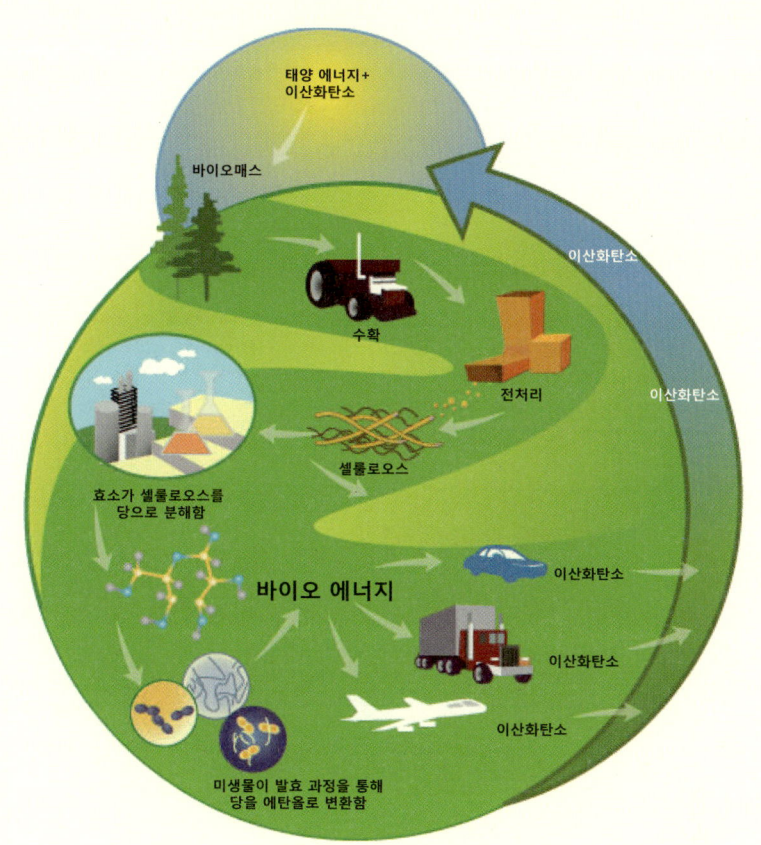

바이오 에너지를 통한 탄소의 순환

자동차를 움직이는 셈이다.

　바이오 에탄올은 이론적으로는 온실가스를 배출하지 않는 환경 친화적인 연료이지만 실제를 들여다보면 그렇지 않다. 그 이유는 설탕이나 옥수수와 같은 재료에서 에탄올을 생산하는데 그 과정에서 비용과 시간, 더 중요하게는 화석연료가 들어가기 때문이다. 우선 옥수수를 재배하는데 땅, 농기계, 비료 등이 필요하고 이 과정에서 화석연료를 사용하게 된다. 재배된 옥수수를 운반하고 발효 공정을 거치고 재처리해서 사용 가능한 연료의 형태로 만드는 과정에서도 화석연료가 사용되기 때문에 결국 바이오 에탄올을 사용함으로써 얻는 환경, 경제적인 이득은 적어도 현재까지는 거의 없다고 할 수 있다. 특히 농작물을 재배하는데 사용되는 질소비료는 토양과 물을 오염시키고 환경을 파괴한다. 또한 사탕수수나 옥수수는 인간이 식량으로 사용할 수 있는 곡물이기 때문에 옥수수를 에너지를 생산하기 위해 사용할 경우 곡물값이 올라서 가난한 사람들은 필요한 음식을 먹지 못하게 될 가능성도 있다.

　이러한 문제를 해결하기 위한 한 가지 방법은 사탕수수나 옥수수가 아닌 셀룰로오스를 사용하여 에탄올을 만드는 방법이다. 셀룰로오스는 식물이나 나무의 구조를 이루는 섬유소를 말한다. 이러한 섬유소를 사용할 경우 그 양이 훨씬 풍부하고, 어차피 인간이 먹지 못하기 때문에 인간의 식량을 소비할 일도 없다. 하지만 이 경우의 문제는 섬유소는 옥수수나 설탕에 비해 분해해서 에탄올을 얻기가 기술적으로 훨씬 어렵다는 점이다. 단 현재 효소나 촉매를 사용해서 섬유소를 효과적으로 분해하여 설탕을 얻는 기술이 개발되고 있기 때문에 머지않아 효율적이고 경제적인 방법으로 에탄올을 생산할 것으로 보인다.

포도당, 설탕, 녹말, 섬유소의 화학 구조

바이오 디젤

바이오 에탄올이 미국과 브라질 등에서 많이 생산되는 반면, **바이오 디젤**은 유럽에서 더 많이 생산된다. 바이오 디젤은 식용유나 동물성 기름을 화학 반응을 거쳐 만든다. 요리에 사용된 폐식용유나 버려진 동물성 기름을 모아서 바이오 디젤을 생산하는데, 바이오 디젤은 디젤 연료를 주로 사용하는 트럭이나 기차 등의 연료로 바로 사용할 수 있다.

바이오 디젤을 만드는 방법 중에 최근 각광받고 있는 방법은 **조류** algae를 이용하는 방법이다. 조류는 주로 바다에 서식하면서 광합성을 통해 살아가는 생명체를 말한다. 우리가 흔히 접하는 미역, 다시마도 조류의 일종이고, 이보다 크기는 훨씬 작지만 클로렐라나 식물성 플랑크톤과 같은 작은 크기의 미세 조류도 있다. 이들 조류는 몸 성분 중 기름의 비율이 높아서 바이오 디젤을 생산하기에 적합하다. 조류의 가장 큰 이점 중 하나는 바다나 하수와 같이 인간이 직접적으로 사용하지 않는 물에서 자라고 인간이 먹는 식량 영역을 침범하지 않아서 앞서 언급한 바이오 에탄올이 가진 문제점들로부터 자유롭다는 것이다. 또한 미세 조류의 경우 성장 속도가 매우 빠르기 때문에 바이오 디젤을 효율적으로 생산할 수 있어서 다른 바이오 에너지에 비해 단위 면적당 에너지 생산량이 10배 이상 높다고 알려져 있다.

바이오 디젤의 생산 반응

바이오 에너지의 미래

바이오 에너지의 가장 큰 장점은 이론적으로는 환경 친화적이고, 추가로 이산화탄소가 발생하지 않아서 **온실 효과**를 일으키지 않는다는 것이다. 식물이나 미세 조류와 같은 생물체의 몸을 구성하는 탄소는 태양 에너지를 이용한 광합성을 통해 대기 중에 있는 이산화탄소에서 온 것이기 때문에 바이오 에너지를 연소시켜서 에너지를 얻는다고 해도 지구의 대기에 이산화탄소를 증가시키지 않는다. 하지만 이것은 이론적인 내용일 뿐이고, 실제로는 곡물의 재배와 재처리 등 생산 과정에서 화석연료를 사용하기 때문에 이산화탄소를 발생시키고, 바이오 에너지 생산을 위해 인간이 사용해야 할 땅을 차지하고 인간이 먹어야 할 식량을 사용해야 하는 등 문제점들이 있다. 또한 바이오 에너지의 생산 과정에서 토양이나 해수를 오염시킬 가능성도 있다. 하지만 현재 계속해서 기술이 발전하기 때문에 셀룰로오스를 이용한 바이오 에탄올이나 조류를 이용한 바이오 디젤의 경우 그 미래가 희망적이라고 할 수 있다. 이러한 여러 가지 바이오 에너지 중에서 장단점과 경제성, 장기적인 환경에의 영향, 현재의 기술 수준과 발전 가능성 등을 신중하게 고려해서 선택해야 할 것이다.

천 달러 지놈 시대와 우리의 미래

박태현

📖 인간지놈 프로젝트, 사회적 윤리, 지놈 분석과 미래생활

DNA 정보에 따른 맞춤 서비스 시대의 개막

아침에 침대에서 눈을 뜨고 일어나 화장실로 향한다. 화장실 입구의 벽에는 당신의 건강 상태가 건강센터로 보고된다는 자막이 나타났다 사라진다. 화장실 변기에 소변을 본다. 화장실 벽에 장착된 모니터에 '소변 분석 중'이라는 문구가 뜬다. 잠시 후 모니터에는 '나트륨 과량 검출'이라는 문구가 나타나고, 음식 조절에 유의하라는 경고성 메시지가 뜬다. 소변을 본 사람의 얼굴에는 짜증의 빛이 역력하다. 전자음을 내며 벽에서 삐죽이 나온 바구니에다 입었던 속옷을 벗어던지면, 오늘의 날씨에 대한 멘트가 나오며 오늘 날씨에 맞는 옷가지와 신발들이 벽에서 밀려나온 서랍 안에서 그 모습을 드러낸다. 이상은 영화 〈아일랜드〉에

나오는 장면이다. 우리 미래의 하루는 그날의 건강 체크로부터 시작되는 모습으로 그려지고 있다.

그렇다면, 미래에 사람의 일생은 어떤 모습으로 시작될까? 울음소리와 함께 엄마 배 속에서 아기가 탄생한다. 간호사가 아기의 발바닥에서 피 한 방울을 채취한다. 피 속에서 추출된 DNA를 분석하면, 그 DNA 정보로부터 이 아이의 미래의 건강 상태가 예측되어 보고된다. 신경정신병, 집중력 상실증, 심장장애 등등이 발생할 각각의 가능성이 몇 %인지 기록되고, 아이의 기대수명 예측치도 기록된다. 이상은 영화 〈가타카〉에 나오는 장면이다. 태어나자마자 미래의 건강 상태와 심지어는 죽을 날까지 예측된다. 이와 같은 우리의 미래가 과연 얼마만큼 현실로 다가오고 있는 것일까?

인간 지놈 프로젝트

유전자를 분석하여 그 정보를 해석하기 위해서는 우선적으로 인간 개인의 DNA 정보를 읽어내야 한다. 이 책의 앞부분에서 DNA에 대하여 이야기할 때 언급하였듯이, DNA가 저장하고 있는 정보는 4개의 염기인 A, T, G, C가 DNA상에 어떤 순서로 배열되어 있느냐이고, 이 순서를 읽어낸 것이 '인간 지놈 프로젝트'이다. 인간 지놈 프로젝트는 1988년 왓슨이 '인간 지놈 연구센터'를 세우고 초대 소장을 맡으면서 시작되었다. 여기서 왓슨은 DNA 구조를 밝혀서 노벨상을 받은 그 왓슨이다.

그러나 왓슨은 이 프로젝트가 진행되는 동안 팀원 중의 하나인 벤터

인간 지놈 프로젝트 초안 발표(2000. 6. 26)
왼쪽부터 민간부문 대표 벤터, 클린턴 대통령,
공공 부문 대표 콜린스

라는 과학자와의 사이에 갈등이 빚었다. 벤터는 읽은 **염기서열** 결과로 특허출원을 했고 왓슨은 이를 반대했다. 읽어낸 정보는 모두 일반인에게 공개되어 공공의 자산이 되어야 한다는 것이 왓슨의 주장이었다. 이런 갈등으로 인하여 왓슨은 소장직에서 사임을 하고 콜린스Francis Collins가 후임 소장을 맡아 프로젝트가 진행되었다. 그러던 중 벤터도 그 프로젝트 팀을 떠났고, 자신이 회사를 설립하여 독자적으로 DNA 염기서열을 읽는 작업을 진행했다. 같은 목적의 두 팀이 생긴 것이다. 즉, 정부의 재정지원을 받는 콜린스가 이끄는 공공부문 팀과 개인투자를 받은 재정을 기반으로 한 벤터가 이끄는 민간부문 팀으로 양분되었다.

이후 두 팀 간에는 치열한 경쟁이 2년간 계속되었고 서로간의 화합이 어려워보였다. 하지만 그들은 우여곡절을 겪은 후 극적으로 합의하여 초안을 완성하기에 이른다. 2000년 6월 26일 미국 백악관에서는 클린턴 대통령이, 영국 다우닝가 10번지에서는 블레어 수상이 동시에 전세계 매스컴을 통하여 인간 지놈 프로젝트의 초안이 완성되었음을 선언했다.

그 당시까지 인간 지놈서열을 읽는 데 10년 이상 걸렸으며 비용은 30억 달러, 우리 돈으로 3조 원이 넘게 들어갔다. 아무리 유용한 정보라도 이렇게 오랜 시간과 어마어마한 비용이 들어간다면, 이 기술은 일반인들에게는 그림의 떡이 되고 말 것이다. 따라서 이 기술을 실용화하기 위하여, 비용과 시간을 줄이려는 필사적인 노력이 시작되었다. 2002

년 12월 벤터가 주관한 학술대회의 제목은 "유전코드 판독 기술의 미래: 1,000달러 지놈을 향하여"였다. **지놈**이란 한 개체가 가지고 있는 유전정보의 총합을 의미하며, 각 개인의 지놈을 판독하는 데 드는 비용이 1,000달러 정도라면, 누구에게나 혜택이 돌아갈 수 있다는 생각에서였다. 이제 지놈 해독 비용 1,000달러를 향한 세계 과학자들의 치열한 선두 다툼이 시작되었다. 인간 지놈 초안이 발표되었던 2000년 당시에 소요되었던 30억 달러는 2007년에 100만 달러로 줄어들었고, 2009년에는 4,400달러에 이르렀다. 소요시간도 10년이었던 것이 몇 개월로 줄어드는 등 눈에 띄게 발전했다.

인간 지놈 시대와 우리의 미래

영화 〈가타카〉에는 이 기술이 상용화되어 이용되고 있는 장면이 등장한다. 금발의 미녀가 검사 창구에 얼굴을 들이민다. 검사원은 면봉을 사용하여 그 여인의 입술에서 샘플을 채취한다. 검사원은 여인에게 샘플이 얼마나 오래되었느냐고 묻는다. 여인은 5분 전에 남자친구와 키스를 하였다고 대답한다. 5분 전에 키스한 남자친구의 세포를 지금 이 여인의 입술에서 채취하는 중이다. 이 여인의 입술에서 채취한 남자친구의 세포로부터 DNA를 분리한 후, 지놈을 해독하여 이 남자친구가 몇 점짜리 신랑감인지를 알려주는 서비스를 제공해주고 있다. 영화에 나오는 일이 사업화가 가능하려면 두 가지 문제가 선결되어야 한다.

첫 번째로 DNA의 염기서열을 빠른 속도로 값싸게 읽는 기술이 필요하고 두 번째로는 이렇게 읽어낸 DNA 염기서열이 무엇을 의미하는지를 해석할 수 있어야 한다. DNA 염기서열을 빠른 속도로 값싸게 읽는 기술은 앞에서 언급한 바와 같이 눈부시게 발전하고 있다. 최근에 들어와서는 이와 같은 목적을 위하여 **바이오 기술**(BT)이 나노 기술(NT)과 접목되어 새로운 국면으로 접어들고 있다. 우리 사회에 실제로 개인 유전정보의 분석 서비스를 제공해주는 회사들이 속속 탄생하고 있다.

디코드미Decodeme, 내비지닉스Navigenics, 23앤드미23andme라는 회사들이 바로 그것이다. '23앤드미'의 창업자인 앤 보이치키는 '구글'의 창업자인 세르게이 브린의 부인이기도 하다. 이들 부부는 그야말로 BT와 IT 커플인 셈이다. '23앤드미'는 자기네 회사 홍보를 위하여 슈퍼모델과 노벨상 수상자들을 초청하여 '침 뱉기 파티'를 개최하기도 하였다. 유명인들이 샘플 채취 용기에 침을 뱉는 장면들이 매스컴을 통해 보도되었다. 침 속에 있는 DNA, 보다 엄밀히 말하자면 침 속에 들어 있는 볼에서 떨어져 나온 세포의 DNA를 채취하여 분석해준다는 홍보였다. 실제로 이 회사의 유전정보분석 서비스는 2008년 「타임」이 선정한 올해의 발명품 1위에 오르기도 하였다. 2007년 1위는 아이폰이었고, 2006년 1위는 유튜브였다.

침 속에 든 세포의 DNA 수출을 위한 침뱉기 파티

현재 제공되고 있는 유전정보 분석 서비스의 경우에, 개인의 DNA 염기서열 30억 개를 모두 읽고 해독하는 것은 아니다. 어차피 이를 모두 읽어봐야 아직은 그 의미를 모르는 부분이 아는 부분보다 훨씬 많기 때문이다. 따라서 현재로서는 30억 개 중에 극히 일부만을 읽고 해석하여 정보를 알려주는 실정이다. 고객들이 자신의 침을 작은 튜브에 뱉어 분석회사로 보내면, 회사에서는 그 침으로부터 DNA를 분리한 후, DNA 염기서열을 읽고 그 서열을 인간의 표준 염기서열과 비교하여 어떤 차이가 있는지를 분석하여 그 의미들을 파악하는 작업을 거쳐 결과를 웹에 올린다.

오른쪽 그림은 유전정보분석 서비스 과정을 도식화한 것이다. 자신의 유전정보 분석을 의뢰한 고객은 컴퓨터를 통해 해당 사이트에 접속하고 결과를 확인한다. 현재 이렇게 하여 얻을 수 있는 정보는 자신이 어떤 유전자에 어떤 이상이 있는지를 알 수 있고, 따라서 어떤 질병에 걸릴 확률이 얼마만큼 높은지 알 수 있다. 이를 통하여 생활습관과 음식물 섭취를 어떻게 조절하는 것이 향후에 발생할 수 있는 질병의 확률을 얼마나 낮추어줄 수 있을 것이라는 정보를 얻게 된다. 또한 개인 유전자 특성에 따라 어떤 종류의 약이 효과가 있고, 어떤 약은 효과가 없거나

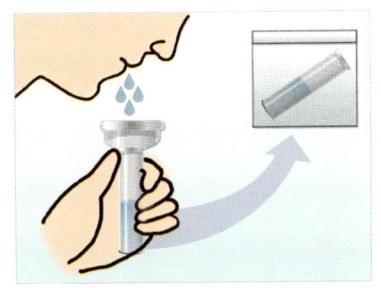

1) 침을 튜브에 담아 서비스 회사로 배송

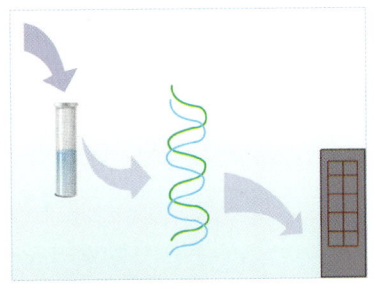

2) 서비스 회사
 i) 침으로부터 DNA 분리
 ii) DNA 유전코드 판독
 iii) 질병과의 연관성 분석
 iv) 분석완료 통보

3) 개인은 자신의 컴퓨터에서 웹에 접속하여 확인, 지속적인 업데이트 정보 제공받음

개인 유전정보 분석 서비스

부작용이 있을 수 있다는 정보도 제공해준다. 즉, 개인 맞춤형 진단과 처방이 가능해지는 것이다. 지금 이 순간에도 인간 DNA의 어느 부분이 어떤 기능과 연관되어 있는지가 지속적으로 밝혀지고 있다. 이와 같은 기능이 밝혀지는 대로 개인 유전정보는 계속 업데이트되고, 그 업데이트된 정보가 개인에게 제공된다.

스탠포드대학교의 로이 킹 교수는 자신의 유전정보 분석을 통하여 자신의 정체성에 관한 새로운 사실을 알게 되었다. 킹 교수는 누구나 한눈에 보아도 흑인이다. 즉, 인종적으로 아프리카계 미국인이다. 그런데 킹 교수의 유전정보 분석 결과는 유럽계 백인 유전자 51%, 아프리카계 유전자 39%, 아시아계 유전자 10%로 나타났다. 겉모습은 흑인이지만 유전적 요소는 백인 유전자가 반 이상을 차지하고 있는 것이다. 현재의 사회적 분류에 의하면 킹 교수는 아프리카계 미국인으로 분류되지만, 유전적으로는 유럽계 미국인에 더 가깝다는 이야기이다.

이와 같은 개개인에 대한 유전정보 분석은 긍정적인 측면과 동시에 부정적인 측면도 가지고 있다. 긍정적인 측면으로는 앞에서 언급했듯이 개개인에게 걸릴 확률이 높은 질병을 진단해줌으로써 질병에 대비할 수 있다. 현재 우리는 건강검진을 받음으로써 질병을 조기 진단할 수는 있지만 아직 발병하지 않은 질병은 진단이 불가능하다. 그런데 이와 같은 개개인의 유전정보 분석을 통하여 아직 발병하지는 않았지만 발병 가능성이 있는 질병에도 대비할 수 있게 되는 것이다.

또한 특정 남녀가 아이를 가졌을 때 그 아이가 선천적인 유전병을 가지고 태어날 가능성도 미리 예측할 수가 있으므로 아이가 선천적으로 유전병을 가지고 태어나는 불행한 일이 없도록 유의하는 것이 가능해질 것이다. 부정적인 측면으로는 유전자 차별이 사회적인 문제가 될 수 있다는 것이다. 영화 〈가타카〉에서 그려지고 있듯이 유전자에 의한 계급사회가 발생할 가능성을 우리는 경계하여야 할 것이다. 이를 걱정하여 미국에서는 부시 정부 때에 이미 유전자차별금지법을 통과시켰다. 개인 유전정보 분석으로 인하여 발생할 수 있는 사회적, 윤리적 문제를 사회학자, 생명과학자를 포함한 모든 사회구성원들의 지혜를 모아서 슬기롭게 풀어나가야 할 것이다.

〉〉〉 추천의 글

국가의 발전은 과학기술에 달려 있다는 사실은 불변의 진리이다. 과학기술이 발전하려면 과학을 중시하는 정책도 중요하지만 우수한 인재들이 과학기술 분야로 많이 진출하여야 한다. 우리나라는 산업화 과정에서 과학기술을 중시하는 정책을 통하여 세계에서 가장 짧은 기간에 산업국가로 비약적인 발전을 한 국가로 평가받고 있다. 최근의 상황을 보면 우리나라가 선진국으로 발전하는 데 우려되는 현상이 벌어지고 있다. 중고등학교의 우수한 인재들이 과학기술 분야 전공을 기피하고 있다. 이러한 과학기술 분야 기피 현상은 과학기술 분야 종사자들이 제대로 대접을 못 받는다는 사회적인 인식도 작용하였지만 그보다는 과학 분야 공부가 어렵다는 학생들의 인식이 더 큰 원인이라고 판단된다.

중고등학교 과학 분야의 핵심과목 중 하나가 화학이다. 화학을 재미있게 공부하는 학생들이 많아지면 화학 분야 전공을 기피하는 현상도 자연히 해소될 것으로 믿고 있다. 화학을 잘 이해하려면 화학이 재미있어야 한다. 화학이 재미있으려면 화학교과서에서 배운 내용이 우리 생활 주변에서 일어나는 자연현상이나 우리의 일상생활에 필요한 용품들이 화학 교과서에서 배운 내용과 밀접한 관련이 있다는 사실을 깨닫게 하는 것이 중요하다.

우리가 생활하는 주변에서 일어나는 자연현상을 이해하는 중요한 분야 중 하나가 화학이다. 우리가 매일 생활하는 주변을 살펴보면 화학과 관련이 없는 제품들이 거의 없다. 화학은 자연현상의 이해와 더불어 20세기 인류의 의식주 문제를 해결하는 데 아주 중요한 역할을 해왔고, 사람들은 그 덕택으로 편리한 세상에서 살고 있다. 화학은 앞으로 인간이 추구하는 건강과 즐거움뿐만 아니라 지구환경문제를 해결하는 데도 중요한 역할을 계속 수행할 것이다.

『화학 교과서는 살아있다』를 한국화학공학회가 우수한 전문가들을 설득하여 집필하게 된 것도 화학이 재미난 학문이라는 사실을 알리기 위한 것이다. 책의 내용을 보면 고등학교 화학 교과서에 있는 내용들을 분야별로 우리의 일상과 관련이 있는 생활이나 제품들과 연계하여 재미있게 설명하였다. 화학은 어려운 학문이 아니라 우리의 일상생활에서 경험하는 수많은 일들이 화학과 밀접한 관련이 있다는 사실을 이 책의 흥미진진한 이야기를 통하여 알게 될 것이다. 저자들이 서문에서 밝혔듯이 이 책은 많은 독자들이 화학을 가깝게 여기고 공부하는 학생들에게 화학에 대한 흥미를 북돋우기 위하여 발행되었다.

많은 독자들이 이 책을 읽고 화학은 우리의 일상생활과 밀접한 관련이 있는 재미있는 분야라는 인식을 갖게 되어, 앞으로 훌륭한 업적을 내어 우리의 화학 및 화공산업 발전에 기여할 수 있기를 바란다.

한국화학공학회 제45대 회장 김성현